도시계획가란? 정체성과 자화상 사이에서

도시계획가란?

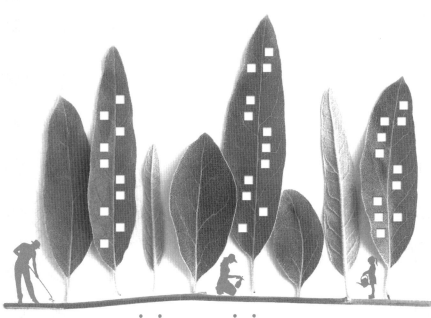

정체성과 자화상 사이에서

황지욱 지음

씨아이알

추천사

:: **문창호** 군산대학교 교수, 건축공학과, 공학박사

이 책의 제목인 '도시계획가란?'에 대하여, 필자는 건축을 전공한 사람으로 '건축가란 무엇인가?'라는 제목을 대입하면서 읽었다. 즉, '도시계획'이란 단어를 '건축'으로 대체해본 것이다. 내용의 대부분은 맥락상 큰 무리가 없었고, 평소 필자의 건축에 대한 생각을 재확인하기도 하고 새로운 관점을 얻는 기회가 되었다.

황지욱 교수는 전라북도, 군산시, 익산시 등 도시계획위원회에서 가끔 만나고 있는 도시계획전문가이다. 그가 위원회에서 발언한 것을 반추해보면 상당히 근본적이고 합리적인 내용이 많았다. 그의 이력을 보고 그 배경을 어느 정도 이해하게 되었다. 독일의 대학에서 도시계획 관련 학사, 석사, 박사를 하면서 탄탄하게 연구한 점도 있지만, 우리나라 대학에서 모든 것의 근본이 되는 철학을 공부했기 때문이 아닌가 생각한다.

이 책은 '도시계획가란 누구인가?', '계획가치, 도시계획이 실현하고자 하는 것은?', '계획방식, 어떤 것이 도시계획가의 올바른 행위방식일까?', '도시계획위원회, 이는 무엇인가?' 등의 질문을 던지고 이에 답하

는 방식으로 구성되어 있다. 최종적으로 '도시계획가, '정체'성과 자'화상' 사이에서'라는 글로 마무리된다. 저자는 도시계획가가 윤리관과 책임감, 전문성이 중요하고, 공적 책무와 사적 소유권에 대한 적절한 시각을 갖고 있으며, 역사를 이해하는 미래설계사, 융복합형 연구자, 합리적 가치판단자, 비움의 예술가, 중재자, 인권보호자 등이 되어야 함을 강조하고 있다.

도시계획이 실현하고자 하는 가치는 지속가능성, 모든 국민을 위한 국토 균형발전, 책임이 수반된 공익 보호, 예방적 차원의 국가적 책무 실현, 공익적 목적을 위한 최소한의 인센티브제도 운영 등에 있음을 지적하며, 도시계획에 있어서 기본적 판단은 헌법과의 부합성을 기준으로 삼는 것이 좋겠다는 의견을 피력한다.

도시계획의 방식은 그간 진행되어온 전통적 방식인 전문가에 의한 하향식이나 시민들에 의한 상향식보다는, 새로이 떠오르고 있는 패러다임인 전문가와 시민들이 상호 소통하고 합의해나가는 쌍방향식이 되어야 함을 제시한다.

도시계획위원회는 적정 인원의 도시계획 전공자를 포함한 다양한 전문가들로 구성하되, 이해당사자의 참여나 주무기관의 간섭은 배제해야 하며, 도시계획위원회의 심의는 헌법적 원칙에 따르며, '국토의 계획 및 이용에 관한 법률'에 의거하며, 공익관리자로서의 역할에서 권한을 남용해서는 안 된다고 주장한다.

마지막으로 도시계획가는 도시에 대한 낭만적이고 무책임한 이야기를 늘어놓는 존재라기보다는, 오히려 도시의 문제점을 파고들면서 해결방안을 고민하는 전문가라고 저자는 생각하고 있다. 또한 도시민의 이익을 지키기 위하여 정부정책을 비난하기도 하고, 정의로운 목적을 달성하기 위해서는 정부의 실권자들과 타협도 하는 등 이율배반적인 활동을 하는 사람이 도시계획가가 아닌가 하면서 정체성에 대한 의문을 제기한다. 저자는 이 책을 통하여 도시계획가의 실체에 대한 논의가 더욱 활성화되기를 기대하면서 글을 마무리한다.

평소 도시계획가로서 저자의 의롭고 예리한 전문가적 활동을 지켜보고, 이 책을 통해서 저자의 건전하고 진보적인 전문가적 생각을 살펴본 결과, 필자는 그가 완성되지는 않았지만 분명 정체성과 자화상을 갖기 위해서 성장하고 있는 도시계획가임을 알았다. 저자가 더욱 정진하여 우리나라 국토의 지속가능한 균형발전과 지역의 건강한 발전에 기여하길 기원한다. 필자는 이 책을 통해서 도시계획위원회 위원의 역할도 다시 알게 되었고 그간 활동에 대하여 반성하는 계기도 되었다. 일반인뿐만 아니라 도시와 건축에 관련된 전문가들도 이 책을 읽고 도시의 다양한 문제에 대하여 한번은 자신의 역할과 입장을 점검해볼 필요가 있다고 생각한다.

:: **송인성** 전남대학교 명예교수, 도시 및 지역계획, 공학박사

도시계획이란 참으로 어려운 일이다. 도시계획을 어떻게 해야 할 것인가에 대한 많은 이론이 있지만, 이 세상에 똑같은 도시는 하나도 없고 그 도시들이 가진 문제도 자세히 살펴보면 하나도 같은 것이 없으며, 더구나 이 도시들은 살아 있는 생명체로 항상 변화를 거듭하고 있기에 도시를 계획하는 것은 참으로 힘든 일이 아닐 수 없다. 그런데도 도시계획

은 계속 이루어지고 있고, 또 지속할 수밖에 없는 것이 현실이다. 이러한 도시계획을 수행하는 데 직접적이든 간접적이든 참여하게 되는 모든 사람들이 '도시계획가'다. 이들에 의해 우리나라 모든 도시의 현재 모습이 만들어졌다. 물론 이들의 활동에 대해 외부에서 강력한 영향을 준 이익집단들이 있기도 하지만……

평생 도시계획을 공부하고 연구하고 학생들을 가르치면서 도시계획 현장에서 다양한 형태의 자문에 참여한 황지욱 교수는 참기 어려운 정도로 "화가 나기도 해서" 이 책을 썼다. 이는 아마도 정의감에 불타는 분노라고 할 수 있을 듯하다. "도시계획가들이여! 제발 정신 좀 차리세요"라는 외침이 책 전반에 울려 퍼지고 있다. 물론 그 도시계획에 직간접으로 영향을 받을 일반 시민들도 황지욱 교수가 던진 이 외침을 똑같이 던지고 싶을 때도 있을 것이고, 거꾸로 들어야 할 때도 있을 것이다. 나도 이러한 외침을 오래 전부터 큰 소리로 던지고 싶었지만 능력과 용기의 부족으로 못하고 말았는데 황지욱 교수는 '분노'란 밑바탕 위에 우리나라 도시계획가들이 가야 할 바른 길을 제시하고 있다.

도시계획가의 범위, 역할, 되는 방법, 그리고 추구하는 철학에 대해 명료하게 정리해주어 현재의 도시계획가는 물론 미래의 도시계획가들에게도 도시계획 과업 추진의 훌륭한 지침이 될 것으로 확신한다. 특히 가치 중립적 도시계획을 "수도권 정비계획 규제 해제와 지역균형발전", "개발제한구역의 '자연환경보호'와 사적 재산권 침해", "부동산 가치상승에 따른 불로소득환수" 그리고 "종상향, 용적률 / 건폐율 완화, 건축규제 특례와 같은 인센티브 제도의 문제점"이란 사례를 들어 설명해준 것은 독자들로 하여금 쉽게 가슴에 와 닿고 잘 이해할 수 있게 하고 있다. 그리고 도시계획가의 올바른 행위 방식과 도시계획위원회에 대한 내용을 들여다보면, 도시계획가는 물론 일반 시민들이 꼭 알아두어야 할 사항이다.

우리나라 도시가 더 이상 나빠져서는 안 된다. 잘못된 도시계획은 현재 시민뿐만 아니라 미래의 시민들에게도 엄청난 부담을 갖도록 한다. 이것을 지금이라도 바로잡기 위해서는 도시계획에 대해 도시계획가와 시민들이 잘 알아야 하는데 그에 대한 최적의 설명서가 바로 황지욱 교수의 책《도시계획가란?_'정체'성과 자'화상' 사이에서》이다. 다시 한번 황지욱 교수의 도시계획문제에 대한 예리한 관찰과 인식, 그리고 그 개선을 위한 용기 있는 이 책의 저술에 감사와 축하를 드리며 우리나라 도시계획가와 일반 시민들도 꼭 한번 읽어보기를 강력히 권한다.

:: **정창무** 서울대학교 교수, 공학박사, 대한국토·도시계획학회 학회장

도시계획 분야의 중견학자인 '하해' 황지욱 교수의 역작《도시계획가란?_'정체'성과 자'화상' 사이에서》이 오랜 산고 끝에 출간되었다. '분노의 글쓰기'를 즐기는 황 교수는 서울에서 정원 일만 이천 명이 넘는 초등학교를 다니며 어린 시절을 보냈으며, 대학에서는 철학을 전공한 뒤, 독일 도르트문트 대학에서 도시계획을 공부하여 현재 본인 표현대로 2002년부터 현재까지 '잘리지 않고' 교수로 재직 중인, 모두가 천국에 가기를 희망하는 크리스천이다.

도시계획가의 정체성을 탐구하기 위한 이 책은 도시계획가란 누구인가라는 질문에서 시작하여 계획가치－도시계획이 구현하고자 하는 것들, 계획방식－도시계획가의 올바른 행위방식의 탐구, 도시계획위원회

의 구성과 운영, 심의잣대, 마지막으로 도시계획가의 정체성과 자화상으로 이야기가 전개된다.

이 책의 거의 절반 이상은 도시계획가의 정체성에 대한 비판적 성찰이다. 황 교수는 도시계획가란 박학다식가Generalist가 아닌 특정 분야의 전문성으로 무장한 전문가Specialist가 되어야 하지만, 독선을 앞세우기보다는 시민들의 요구를 수렴하고 우선해야 한다고 설파한다. 좋은 도시계획가가 되기 위해서는 과거와 현재를 자세히 돌아보고 접목시키는 관찰자, 미래를 탐험하는 미래설계사, 다양한 학문분야와 만나고, 다양한 분야를 아우르는 융복합형 연구자, 근원을 살펴 합리적 판단을 내릴 수 있는 가치판단자, 털어낼 줄 아는 비움의 예술가, 협의를 거쳐 합의를 끌어내는 중재자, 눈높이를 맞추는 인권보호자가 되어야 한다고 주장한다. 2장에서는 도시계획이 추구해야 할 궁극적인 가치는 우리 사회의 근본적인 합의인 헌법에서 찾아야 하며, 3장의 계획방식에서는 상향식이나 하향식이 아닌 양방향을 오가는 조정과 수렴을 강조해야 한다고 주장한다. 4장에서는 현재 우리나라의 도시계획위원회의 문제점과 개선방안을 거론하고 있으며, 마지막 5장에서는 정체성과 자화상 사이의 괴리에 갇힌 도시계획가의 소회가 서술되어 있다.

이 책에는 황 교수가 겪었던 수많은 도시계획 사례와 기존에 발표한 다양한 논문들이 등장하면서 계획에 대한 재미난 일화나 교훈들을 약방의 감초처럼 보여준다. 일례를 들면, 대학 내 동물학이나 식물학 전공 교수들과의 대화 속에서 제시된 동식물학에서 이야기되는 재생이다. 동식물학에서 이야기되는 재생은 파괴되거나 손상된 부위가 건강한 원래 상태로 복원되도록 배양환경을 조성해주는 것이기 때문에, 현재의 도시재생사업과 같이 외부의 수많은 에너지가 과도히 들어와서 내부를 바꿔 놓는 것은 도시재생이라고 부르는 개념에 맞지 않는다는 황 교수의 주장을 보면 그 탁월한 식견에 감탄을 금치 못할 정도다.

이 책은 자신을 도시계획가라고 지칭하거나 도시계획과 관련된 업무 종사자들이 한번쯤 자신이 누구인지를 스스로 돌이켜볼 수 있도록 돕기 위해 쓴 글이다. 물론 일반 시민일지라도 도시계획에 관여해 의사결정 주체로서 역할을 하고 싶거나, 하고 있는 사람이라면, 황 교수의 '분노의 글'을 읽으면서 독서의 즐거움을 만끽할 수 있을 것이다. 도시계획과 도시계획가의 정체성과 자화상, 또는 교양으로서의 도시계획에 관심이 있다면, 놓치지 말고 보아야 할 흥미진진한 이 책의 일독을 권하는 바이다.

프롤로그

도시계획가들의 밝은 미래를 찾으려는, 그러나 이를 찾기 위해서는 이 세상 도시와 도시계획가에 대한 서슴없는 분노와 비판이 필요할지 모른다는 생각에 분노를 머금은 글쓰기를 시작했다. 그런데 이를 알린 순간부터 많은 분이 "제발 그러지 마시죠"라며 말려왔다. '도시계획가란?' 제목으로 책을 쓰려고 한다는 말에는 더욱 강경하게 말리는 분들도 있었다. 글쓴이가 '분노'의 글쓰기라고 해서 분노를 표출하는 데 대한 염려를 해주시는 것인가 하고 생각했다. 그런데 그분들은 사람들 대부분이 어디에 있는 땅을 골라 투자해야 재산증식의 첩경이 되는지에 관심이 많으니 미다스의 손Midas Touch이 되는 비책을 가르쳐주는 책을 쓰는 것이 어떻겠냐는 것이었다. 순간 그 말에 흔들렸다. 그래서 잠시나마 분노는 다음으로 미루고 책 제목과 내용을 확 틀어버릴까도 생각해봤다. 하지만 정말 투자에 관심이 많은 사람이라면, 정말 내 재산을 증식시키는 데 관심이 많은 사람이라면, 그리고 무엇보다 내가 가진 자산을 잃고 싶지 않은 사람이라면 가장 먼저 도시계획가가 누구인지, 그들의 역할과 행위를 결정하는 동기는 어떻게 되는지 알아야 할 것이라는 생각이 들었다. 왜냐하면, 도시계획가들에 의해 내가 살고 있는 도시, 주거지 그리고 내가 소유하고 있는 토지와 주택을 법적으로 관리manage하고 조정control하는 행위, 즉 '도시계획'이 결정되고 있기 때문이다. 따라서 도시계획가들의 이런 행위와 기본심리를 파악할 수만 있다면 내가 가진 자산을 바보같이 남의 손에 맡겨버리지 않을 수 있으며, 그렇기에 더욱 증대된 미래가치를 현재가치 속에서 누릴 수 있기 때문이다. 다시 말해, 앞으로도 오랫동안 내 자산을 증식시키고, 증식의 기회를 효율적으로 관리할 수 있기 때문이다. 그렇지 않으면 어쩌다 한두 번 우연한 기회를 통해 부동산 자산을 증식시킬 수 있을지 몰라도, 열의 아홉은 나도 모르는 사이에 손실의 위기를 겪게 될 것이다.

하지만 이 글을 쓴 가장 우선되는 동기는 '돈벌이'가 아니다. 또한 도시계획가가 아닌 사람들에게 도시계획가가 누구인지를 알려주려는 것도 아니다. 오히려 자신을 도시계획가라고 지칭하거나 그와 관련된 업무를 다루는 사람들이 한번쯤 자신이 누구인지를 스스로 생각해볼 수 있도록 도우려는 데 놓여 있다. 왜냐하면, 내 스스로도 젊었을 때 그런 도움을 받고 싶었으나 그런 기회를 어디서도 얻지 못했기 때문이다. 그런데 나이가 들면서는 그런 욕구가 더욱 커져 왔다. 그렇다고 도시계획가가 아닌 분들이 이 글을 읽을 필요가 없다는 것은 결단코 아니다. 앞서 말했듯이 나의 자산을 좀 더 효율적으로 지키기 위해서라도 이 책을 읽을 필요가 있으며, 일반인도 사회 속에서 도시계획가와 비슷한 역할을 담당해가고 있기 때문에 모두가 도시계획가라는 입장에서 이 글을 읽을 필요가 있다는 것이다. 나아가 앞으로는 직접 도시계획에 관여하여 의사결정에 참여할 일이 늘어날 것이기 때문에 더욱 이 글에 침잠해볼 필요가 있다. 따라서 도시계획가가 아닌 분들은 이 글을 읽을 때는 도시계획가의 행위가 무엇인지, 또 그들의 결정이 나의 삶과 나의 자산에 어떤 영향을 미치는지, 그리고 과연 내가 도시계획가라면 어떻게 해야 할 것인지를 생각하면서 글을 읽으면 상당한 도움과 깨달음을 얻을 수 있을 것이다.

그렇다면 **도시계획가**란 누구일까? 국가의 국토정책에 관여하며 도시를 계획하는 일에 종사하는 많은 사람이 자신을 도시계획 전문가라고 이야기하고 있다. 그런데 이분들에게 묻고 싶다. 자기 스스로 도시계획가란 누구이며, 진정으로 도시계획가가 해야 할 일은 무엇이며, 궁극적으로 도시계획가는 어떠한 자세를 갖고, 어떻게 그 일을 성취해낼 것인가에 대해 질문을 던져보았는가? 그리고 무엇보다 그에 대한 해답을 얻은 상태로 지금 현장에서 활동하고 있는가? 이러한 질문은 주로 '나의 재산'만이 아닌 '타인의 재산', 지금 '우리 세대의 재산'만이 아닌 다가올 '미래세대의 재산'을 다루는 사람이 정말 책임감을 느끼고 역할을 해낼 수 있도록 하려는 것으로, 도시계획가라면 최소한 '나'의 존재의미를 제대로 찾아내기 위해 이러한 몸부림을 쳐보았어야 할 것이기 때문이다. 만약 이러한 질문에 대한 해답을 얻지도 못하고 그저 도시계획이라는 학문을 접해왔기에, 지금 도시계획 분야에 종사하고 있기 때문에, 그리고 도시와 관련된 계획과 개발사업의 경험이 조금 더 풍부하기에, 무엇보다 누가 좀 알아줘서, 언론에 화려하게 등장해서, 그리고 무슨 학계나 업계의 자리 하나 꿰차고 있어서 "나는 전문가다"라고 말한다면, 그것은 '만선귀환'이라는 허상의 배를 띄워놓고 갈 바도 제대로 정하지 않은 채 망망대해를 향해 무작정 "노를 저어 나아가"라고 외치는 선장과 다를 바가 없다. 어쩌면 평소에는 드러나지 않더라도 가장 깊은 마음의 심연에 깔렸어야 하고, '상식'적으로 항해를 위해 결코 놓쳐서는 안 될 기본이 미비한 것과 다른 바 없다. 즉, 선장으로서, 최소한 어디로 갈지를 고민하며, 얼마나 많이 태우거나 선적해야 안전한 운항을 할 수 있는지를 고민하며, 막막하더라도 이 배가 정말 저 풍랑을 이기고 안전하게 운행할 수 있을지, 그래도 꽤 긴 나날 동안 먹을 양식은 충분히 갖추고 있는지, 선원들이 힘차게 노를 젓고, 그물을 걷어 올릴 만큼 충분히 건강한지에 대한 인식만큼은 갖추고 있어야 항로와 여정을 계획할 수 있는 책임감Stewardship 있는 선장이 될 수 있다. 이러한 책임감 있는 선장이 도시를 이끌어가는 도시계획가의 모습은 아닐까?

도시문제에 접하다 보면 망망대해에 던져져 있는 쪽배의 지친 선원과 같은 느낌도 받는다. 하나의 토지를 놓고 각양각색의 이해당사자들이 십인십색의 견해를 피력하고 해법을 제시한다. 각양각색의 파도가 밀려오듯이 말이다. 어느 지역을 그린벨트Greenbelt로 묶는 것이 도시민의 쾌적한 삶을 위해 공익적 가치를 지켜나가는 것으로 좋다느니, 아니면 개인의 재산권을 침해하는 것이라 나쁘니 하면서 갈라지고, 주택은 '돈'이 아니라 집이니 재산증식을 위한 사적 소유로 봐서는 옳지 않다느니, 그게 아니라 국부의 50% 이상이 부동산으로 이뤄져 있으며, 자본주의 사회에서 정부의 간섭은 시장기능을 왜곡시키는 것이라 그것이 옳지 않다느니 하면서 갈라진다. 그런데 어느 때는 이 의견이 옳은 것처럼 보이다가도 또 세월이 지나 상황이 달라지고 나면 옳다고 생각해왔던 것이 옳지 않은 것처럼 보이기도 한다. 하여간 이러한 논쟁을 보고 있노라면 과연 어느 것이 정답인지 헷갈릴뿐더러, 아니 다 같이 한 분야에 종사하는 도시계획가들조차도 왜 사뭇 다른 견해를 피력하는지, 그들이 과연 망망대해에서 항구를 찾아가는 것은 고사하고라도 지금 살아남기 위해서 고기나 제대로 낚을 수 있는 선원이 될 수 있는지 의심스럽기까지 하다.

이 글을 쓴 궁극적 목적은 바로 정답까지는 아닐지라도 한줄기 해답의 단면이라도 찾아보려는 것이다. 근본적으로 '도시계획가란 누구인가?', '도시계획가는 어떻게 태어났는가?'를 살펴보면서 **도시계획가의 정체성**을 찾아가보고자 한다. 잠깐 말하였지만, 지금까지 이러한 고민을 함께하며, 이에 대한 해답을 찾아보겠다고 화두를 던지는 책은 찾아보기 힘들었다. 아니 우리 분야에서 그런 고민과 해답을 찾아보려는 것이 너무도 거창해 보이고, 철학적으로 보여 그런 책을 쓰기에 엄두가 나지 않았을지 모른다. 최소한의 질문 하나만큼은 던져져 있는 서적을 만나고도 싶었으나, 그것마저도 여의치 않았던 것 같다. 그저 공학 분야라서 기술적 능력만 갖추고 길들어 있으면 된다는 인식이 팽배해 있었던 것은 아닌지, 아니면 조금 나아가 공학적 분야라도 사회과학적 능력이 갖춰져 있으면 좀 더 사회를 잘 이해하면서 풀어갈 수 있다고 생각했던 것은 아닌지 하는 의문이 들기도 한다. 그러나 처음의 화두로 돌아가 내가 누구인지도 모르면서 그저 기술만능주의적 사고에 빠져, 도시문제를 바라보고 해법을 찾는다면, 물론 기계적 해답을 제시할 수는 있겠으나 과연 그것이 올바른 해법을 제시해낸다고 확신할 수 있을까? 무엇보다 그 불확신 속에 있는 '나'는 누구란 말인가?

한 가지만 덧붙여 말하자면 글쓴이는 논쟁과 논증을 이어가며 새로운 사상과 이론을 찾아내려는 철학적 사유를 하자고 덤벼드는 것이 아니다. 또 이 책에서 과거의 수많은 계획사조를 철저히 훑어나가는 계획사적 고증을 하자는 것도 아니다. 유감스럽게도 글쓴이는 그만한 능력을 충분히 갖추지 못했다. 다만 작게나마 긍정적 의미에서 상식이 통할 수 있고, 상식적으로 누구나 받아들일 수 있을 논의를 제시하면서 최소한 도시계획가란 누구인지 독자들과 머리를 맞대고 탐구해보려고 한다. 그러면서 이러한 도시계획가가 추구하고 있는 도시계획은 어떠한 것이어야 하는지에 대해 그 지향점을 살펴보고자 한다.

　마지막으로 이 글을 읽는 분들께 부탁드린다. 이 글 속에는 글쓴이 자신만 가지고 있는 극히 사적인 가치관을 투영시키고 있을 수도 있기 때문에 "문맥의 흐름이 다분히, 아니 너무도 주관적인 것 아니야?"라는 비판을 가할 수 있다. 이러한 점에서 만약에 "도대체 글쓴이가 무슨 자다가 봉창 두드리는 소리를 하는 것인가?"라는 생각이 든다면 언제든지 책을 찢어버려도 좋다. 깨끗이 보았다면 반품을 요구해도 좋다. **그렇다고 정말 반품까지야……** 그런데 정말 '도대체 무슨 말을 하는지 어려워서 이해를 못하겠다'거나 '문맥과 전혀 맞지도 않는 말을 미사여구로 치장해서 늘어놓고 있는구먼!' 하는 생각이 든다면 과감히 찢어버리거나 반품을 요구해도 좋다. 자고로 책은 읽는 이들이 쉽게 이해할 수 있도록 쉽게 써야 한다고 들었고, 글쓴이 본인도 미사여구로 치장된 글은 말장난에 불과하다고 여기기 때문이다. 어쨌든 글쓴이는 겸허한 마음으로 독자들의 비판을 새로운 논의를 위한, 더 나은 미래를 위한 밑거름이자 출발점으로 삼고 싶다. 날카로운 비평과 지적에 눈과 귀를 가능한 열고 넓은 가슴에 깊이 새기도록 하겠다.

2017년 6월 22일부터 쓰기 시작해 2018년 1월 10일에 마무리 지음
전주시의 건지산 아래 전북대학교의 연구실에서
하해(하늘을 품은 아해) **황지욱** 씀

제1장

도시계획가란 누구인가?

사람의 태어남, 삶 그리고 죽음을 통해 도시를 생각해본다.

제1장
도시계획가란 누구인가?

　도시계획가가 누구인지 궁금한가? 이 책의 첫 장에서는 도시계획가가 누구인가를 알기에 앞서 '누구이어야 하는가?'를 살펴보려고 한다. 그 이유는 누구이어야 하는지를 알면 '그가 무엇을 하는지?'를 알 수 있을 것이고, 또 그리고 나면 바로 '그가 누구인지?'를 확인할 수 있으리라 믿기 때문이다. 그런데 이 말이 배배 꼰듯하기도 하고, 생뚱맞게 들리기도 한다. 아니, 좋게 말하면 너무 철학적으로 들리는 것 같기도 하다. 그렇다면 탁 터놓고 간단히 말해보겠다. 우리는 명의까지는 아니더라도 진짜 의사에게 치료받고 싶지, 가짜 의사에게 치료받고 싶지 않다. 이처럼 진짜 도시계획가와 가짜 도시계획가가 존재할 수 있기 때문에, 진짜를 만나기 위해 '누구이어야 하는가?'를 살펴보자는 것이다.

1.1 히포크라테스의 선서 그리고 도시계획가의 탄생

　도시계획가의 탄생에 관한 이야기를 한다면서 갑자기 히포크라테스의 선서Oath of Hippocrates는 왜 들먹이는지 자못 궁금할 수도 있다. 누구나 자신이 누구인지를 정확히 알고 싶어 한다. 왜 태어났고, 정말 무엇을 위해 존재하고 있는지? 그러나 이에 대한 '정답' —'해답'이 아니다— 을 얻은 사람은 얼마나 될까? 자신이 진정 누구인지 정확히 아는 사람은 거의 없을 것이다. 그렇기 때문에 많은 사람이 적어도 자신이 누구인지를 알기 위한 대안으로 "나는 누구를 닮아갈 것이냐?"라는 것에 초점을 맞춰 인생의 의미와 삶의 방향을 찾아간다. 물론 이러한 논리도 실존주의 철학자들의 논증[1]에 비추어보면 쓰잘머리 없는 이야기가 될 수 있다. 하지만 이런 철학적 논증은 무언가를 부정하려는 말장난이 아니라 정말로 나의 존재의미와 삶의 가치 그리고 방향을 찾기 위해 고뇌하는 몸부림인 것이다. 그런 점에서, 히포크라테스의 선서는 도시계획가에게 있어서 '누구를 닮아갈 것이냐?'를 떠올리게 하는 십계명이 될 수 있을 것이다. 무엇보다 그 어떤 학문과 직업에서도 히포크라테스의 선서와 같이 기원

---

[1]　'실존(existence)'은 철학적으로 본질(Essence)과 대비된 개념으로, '지금, 여기'에 살고 있는 현실 속의 '자기 자신'이란 존재이다. 따라서 그냥 있는 것 자체가 중요한 것이요, 의미 있는 것이지, 누군가를 닮아가려 한다거나 나 이외의 초월자가 지정한 섭리나 운명에 의해 살아가야 할 이유란 없다. 다시 말해 초월자의 지정섭리나 운명에 의해 살아갈 수밖에 없는 존재가 아닌 내가 여기 있고, 내 스스로 결정할 수 있는 자유를 지닌 그런 자각적 존재가 인간이라는 것이다. 이러한 실존주의는 근대 시민사회의 모순을 발견하면서 계몽주의 운동의 시작과 더불어 등장하였고, "나는 생각한다, 고로 존재한다(Cogito ergo sum)"로 유명한 데카르트(René Descartes)를 시조로 삼는다. 이후 유신론적 실존주의와 무신론적 실존주의로 나뉘는데, 유신론적 실존주의자로는 키에르케고르(Søren Aabye Kierkegaard)와 야스퍼스(Karl Jaspers) 등을 들 수 있으며, 무신론적 실존주의자로는 니체(Friedrich Nietzsche), 하이데거(Martin Heidegger), 사르트르(Jean-Paul Sartre) 등을 들 수 있다.

전부터 학문의 창시와 발맞춰 공식적 선서를 남긴 것은 찾아볼 수 없었다. 그래서 그의 선언문은 모든 학문과 종사자들, 나아가 도시계획가들에게도 가히 절대적 영향력을 미칠 수 있다고 생각하게 된다.

그리스는 히포크라테스Hippocrates of Cos(B.C. 460~B.C. 370)가 살던 곳으로 당시에 학문적 기초를 닦고, 철학을 태동시키던 장소였다. 바로 이곳에서 의학이라는 학문이 태동하게 된다. 이때 히포크라테스는 선서문을 통해 의학을 마술과 철학에서 떼어내어 정통성 있는 학문으로 세운다. 그리고 의사도 신성한 직무의 수행자로 자리매김하도록 하는 분명한 지침을 제시한다. 히포크라테스의 선서는 다음과 같다.

- 이제 의업에 종사할 허락을 받으매 나의 생애를 인류봉사에 바칠 것을 엄숙히 서약하노라.
- 나의 은사에 대하여 존경과 감사를 드리겠노라.
- 나의 양심과 위엄으로서 의술을 베풀겠노라.
- 나는 환자의 건강과 생명을 첫째로 생각하겠노라.
- 나는 환자가 알려준 모든 내정의 비밀을 지키겠노라.
- 나는 위업의 고귀한 전통과 명예를 유지하겠노라.
- 나는 동업자를 형제처럼 생각하겠노라.
- 나는 인종, 종교, 국적, 정당정파 또는 사회적 지위 여하를 초월하여 오직 환자에게 대한 나의 의무를 지키겠노라.
- 나는 인간의 생명을 수태된 때로부터 지상의 것으로 존중히 여기겠노라.
- 비록 위협을 당할지라도 나의 지식을 인도에 어긋나게 쓰지 않겠노라.

이상의 서약을 나의 자유의사로 나의 명예를 받들어 하노라.

앞의 선서가 도시계획가에게 시사하는 바는 무엇일까? 첫 문장에 나타난 "이제 의업에 종사할 허락을 받으매 나의 생애를 인류봉사에 바칠 것을 엄숙히 서약하노라"는 도시계획을 수행하는 직업 활동의 시금석이요 윤리강령이 될 만하다. 선서의 내용 중에 강제권은 존재하지 않더라도 최고의 덕목인 양심을 거스르지 않겠다는 자기결심은 언제든지 자신을 되돌아보게 하는 척도가 된다. 이러한 덕목 때문에 환자는 의사들에게 자신의 생명을, 그리고 건강을 믿고 맡길 수 있는 것이 아닐까? 그들의 전문성은 바로 이런 덕목으로 더욱 빛나게 되었으며, 오늘날도 많은 사람이 병을 얻으면 이러한 의사의 환자가 되길 고대하고 있다. 반면에 어떤 의사가 아무리 전문성을 갖추고 있더라도 나의 생명을 담보로 돈만 탐하는 존재라면, 그는 아마 희랍철학의 시대에 등장하는 궤변론자Sophist로 낙인찍힐 것이다.

그렇다면 도시계획가는 어떤 존재이며, 그들의 학문은 어떻게 태어나기에 이르렀는가? 학문적으로 살펴보면 도시계획가는 산업혁명과 더불어 19세기경 도시가 확산되고 산업화가 진행되면서 건축가나 지리학자 중에 한 명 두 명 소리 없이 순수한 자기 분야 그 이상의 세계로 발을 내디디면서 등장했다. 처음에는 건축물의 설계에만 관심을 두던 것에서 누구나 좀 더 행복하고 쾌적한 환경에서 살 수 있는 공간을 창출하고자 설계하면서, 즉 설계의 영역이 건물에서 공간으로 확대되는 과정 속에서 도시계획적 건축가들이 탄생하였다.[2] 대표적 인물로 작고 아담하며

---

2   물론 이와 다른 견해를 피력할 수도 있다. 왜냐하면 도시계획이 고대사회로부터 존재해
     왔기 때문이다. 동서양을 막론하고 정치적 중심이 되는 도성과 궁전을 중심으로 한 고
     대도시 그리고 종교적 요소의 입지와 배치를 고려한 중세도시의 계획 등이 수립되어왔

당시의 노동자들도 인간답게 살 수 있는 전원도시를 만들겠다며 전원도시 운동the Garden City Movement을 벌여 《미래의 전원도시Garden Cities of Tomorrow》 라는 책을 쓴 에베네저 하워드Ebenezer Howard(1850~1928)나, 하층계급의 사람들도 햇빛을 충분히 받으며 살 수 있는 형태의 60층짜리 집합건물을 갖춘 300만 명 규모의 거대도시를 계획하며, 《빛나는 도시La Ville radieuse》를 쓴 르 코르뷔지에Le Corbusier로 알려진 Charles-Édouard Jeanneret(1887-1965)를 들 수 있다. 이렇게 인간을 생각하고 환경을 생각하는 것에 조경 분야의 설계 가들이 뛰어들어 도시의 조경과 경관에 새로운 지평을 열기 시작한다. 그 대표적인 인물로는 뉴욕의 센트럴 파크Central Park, 샌프란시스코의 골든 게이트 파크Golden Gate Park 그리고 워체스터의 엘름 파크Elm Park를 설계 한 프레드릭 옴스테드Fredrick Law Olmsted(1822~1903)를 들 수 있으며, 자연지 형과 산 그리고 호수를 삼각지로 삼아, 호주의 수도 캔버라를 구상한 월 터 그리핀Walter Burley Griffin(1876~1937) 등을 들 수 있다. 이와 같이 20세기 중반까지는 물리적 설계를 배경으로 새로운 도시를 만들어가는 작업을 하던 계획가들이 도시계획의 한 축을 이루고 있었다면, 또 다른 한 축은 도시공간의 구성과 운영에 초점을 맞추고 구조적 원리를 살펴보았던 계 획가들이 자리를 잡고 있었다. 중심지이론Theorie des Zentralen Ortes; Central Place Theory의 주창자인 ─ 지리학자라고 보는 것이 더 타당할 듯한 ─ 발터 크리 스탈러Walter Christaller(1893~1969)나 사회학적 관점에서 도시성장이론을 제시

다는 점에서 그 당시에도 계획가는 존재했다고 말할 수 있다. 그러나 당시에는 대부분 의 계획이 순수한 이론적 배경보다는 정치권력이나 종교권력 등에 의해 주도된 반면, 근대사회로 넘어오면서 전문성을 갖춘 계획가가 사회현상의 모순을 해결하기 위해 다 양한 이론을 제시하고, 이를 바탕으로 설계와 계획을 수립하여 왔다는 점에서 도시계획 가의 탄생을 근대사회의 형성기에 두는 것이 틀리지만은 않다고 생각한다.

한 미국의 시카고학파Chicago School of Sociology와 그 중심에 서 있던 동심원이론Concentric Zone Theory의 주창자 어니스트 버제스Ernest W. Burgess(1886~1966)가 대표적이다. 그리고 20세기 중반을 넘어서면서 이러한 도시사회적 관심은 더욱 확대되어 두 부류의 도시계획가들이 등장한다. 한 부류는《미국 대도시의 죽음과 삶The Death and Life of Great American Cities》이라는 저서를 통해 도시재개발이 전통적으로 이뤄진 공동체의 삶을 어떻게 붕괴시키는지를 고발하며, 공동체의 해체위기에 맞서 싸운 제인 제이콥스Jane Jacobs(1916~2006)와 그녀의 사상과 맥을 같이 하는 뉴어버니즘New Urbanism 운동이며, 다른 한 부류는 "세계도시The Global City: Introducing a Concept"라는 논문을 발표하여 세계에는 자본과 금융을 중심으로 거대도시가 탄생하며, 거대도시들끼리 생존과 성장을 위해 보이지 않는 카르텔 관계를 엮고 있다고 고발(?)한 사스키아 사쎈Saskia Sassen(1949~)과 같은 학자들이라고 볼 수 있다. 이들에게서 도시계획가란 나의 재산보다 타인의 재산을 보호하는 데에 더 많은 관심을 두고, 이를 지켜내기 위해 힘써 싸우기도 하는 사람들임을 알 수 있다. 여기서 말하는 타인의 재산이란 단순히 사인으로서의 개인 재산만을 지칭하는 것이 아니라 공동체의 재산, 나아가 국가의 재산까지 포함함을 말하는 것이다.

이상에서 알 수 있듯이 도시계획가란 순수하게 기계적 계산식에 따라 정답이 구해지는 학문으로서의 도시계획에 종사하거나 자기만의 이상을 실현하려던 인물들이 아니다. 먼저는 건축학, 조경학, 사회학 등과 깊은 연관을 맺고 탄생하고 성장해왔음을 알 수 있으며, 나아가 부조리한 사회를 조금이라도 나은 사회로 만들기 위해 고민하였던 존재임을 알 수 있다.[3] 즉, 도시가 하나의 특정 시설물만 갖추고 있는 것이 아닌 복합체라는 점에서 건축가들로부터 도시설계의 영역이 탄생하였으며, 자연의 아름다움만을 가꾸고, 다루던 조경가들로부터 도시조경이라는 영역이 추가되었으며, 사회학자들에 의해 도시사회의 문제가 다루어져 왔다는 말이다. 현재는 생태, 환경, 문화, 복지, 역사, 관광 등이 어우러져 때로는 협력하고, 때로는 독자적 창의성을 발휘하며 도시계획을 수행하고 있다. 무엇보다 도시에서는 물리적 문제만 존재하고 있지 않으며, 사람이 태어나 살아가며 죽음에 이르기까지 발생하는 모든 문제가 녹아 있기에, 도시계획가는 '사람'을 중심으로 공간에서 발생하는 문제를 진단하고 풀어가는 역할을 맡고 있다. 이 때문에 마치 의사가 환자를 대하듯이, 그리고 건강을 되찾아주기 위해 노력해야 하듯이, 도시계획가도 도시에서 발생하는 다양한 병리적 현상을 진단하여 도시가 건강하게 유지되도록 처방하여야 하며, 도시공간 속에 살고 있는 어느 누구도 소외됨 없이 건강하고 행복한 삶을 살아갈 수 있도록 노력해야 한다. 이때도 단순히 겉으로 드러난 증상만을 놓고 처방하는 증상처방이 아닌 심층진단을 통한 **근거중심의학**evidence based medicine적 처방을 내놓을 수 있어야 한다. 이런 노력을 통해 궁극적으로 인간애가 실현된 세계를 만들어낼 수 있

---

3 계획가와 계획사조 등에 관련된 내용을 간략히 줄인 것은 본 단락의 취지가 계획가의 탄생근거를 제시하는 데 초점을 맞추고 있기 때문이다. 그럼에도 불구하고 계획가나 계획사조를 더욱 자세히 알고 싶은 독자들에게는 《20세기 건축의 모험》(이건섭 저, 수류산방중심, 2006), 《공간이론의 사상가들》(국토연구원 저, 한울, 2013), 《도시의 이해》(권용우·김세용·박지희·서순탁·손정렬 저, 박영사, 2016), 《도시와 사회이론》(P.손더스 저, 김찬호 역, 풀빛, 2014), 《현대도시계획의 이해》(존 레비 저, 서충원·변창흠 역, 한울, 2013)와 같은 책들을 추천한다. (참고로 글쓴이는 이 책이나 출판사들과 어떠한 금전적 혹은 상업적 이해관계도 없다. 단지 독자들에게 정보를 제공해주려는 의도일 뿐이다). 그러나 이 책들은 다수의 계획가들과 그들의 계획사조를 간추려 소개하는 과정에서 전달자의 주관적 견해나 평가 그리고 재해석이 가미될 수 있기에 계획가들의 원작을 읽는 것이 가장 정확한 판단을 내릴 수 있음을 잊지 말아야 할 것이다.

다. 마치 히포크라테스가 '인류에 대한 봉사, 양심, 생명'과 같은 단어를 중심으로 선언문을 써 내려갔듯이, 도시계획가도 계획행위의 진정성이 제대로 전달될 수 있도록 새로운 세계를 향한 선언문을 써 내려 가야 한다는 말이다. 다만 오늘날 우리는 과거 히포크라테스가 선언한 도덕적 양심에 호소하는 행위를 넘어서 새로운 차원의 규약도 필요하다. 그 이유는 사람의 본성이 항상 선하지만은 않기 때문이며, 세상이 너무나 복잡 미묘해졌기 때문이다. 따라서 자신의 계획에 대한 책임을 질 수 있도록 계획행위에 대한 구속력 있는 준수기준을 마련하는 것이 필요하다. 계획가의 자만이나 독선에 의해 잘못 만들어진 도시는 뜯어고치기가 쉽지 않다. 한번 잘못 계획된 도시는 인류에게 재앙이 될 수 있다. 뜯어고치기 위해서는 엄청난 비용을 지불해야 한다. 이 비용은 금전적 비용만을 말하는 게 아니다. 금전적 비용을 넘어 수많은 사람에게 돌이킬 수 없는 생존의 위협으로 다가오기도 하기 때문이다. 물론 예측 가능한 문제점을 모두 파악하면 완벽한 도시를 만들 수도 있다. 하지만 인간 자체의 한계로 말미암아 이런 완벽성을 주장하는 것은 교만일 수 있으며, 완벽한 도시를 만든다는 것은 사실 불가능할 것이다. 마치 의사가 환자를 그 어떤 후유증도 없이 완벽하게 치료한다는 것이 쉽지 않을뿐더러, 의술도 현재의 한계에 갇힌 수준을 뛰어넘기 위해 계속해서 다른 학문과의 협력을 통해 발전해나가듯이 말이다. 그러므로 계획가에 대한 최소한의 행위규범과 준수기준을 마련한다면, 계획가들은 자기만 옳다는 주장이나 독선을 내세우지 못하고 좀 더 조심스럽고 책임감 있는 자세를 취하게 될 것이다.

1.2 박학다식가 vs. 전문가

앞서 히포크라테스를 통해 의사의 존재의미와 직업의식을 살펴보면서, 도시계획가의 존재의미와 직업의식을 살펴보았다. 그리고 이제 같은 맥락에서 의사가 타인의 생명과 건강을 더욱 충실히 담당하기 위해 전문화되고 있는 것에 빗대어 도시계획가가 어떻게 그 임무를 수행해야 할지 펼쳐보고자 한다.

도시계획은 근대 산업사회의 진전과 맞물려 발생한 각종 국토 및 도시의 병폐와 문제를 개혁하고자 하였던 이상적 가치의 추구에서 출발하였다. 계획가는 주로 국가의 대리인이자 공익의 대변인이라는 정체성을 갖고 활동하였으며, 이러한 가치의 기조는 지금까지도 변함없는 사상적 기반으로 작용하고 있다. 우리나라에서도 계획가가 급속한 산업화를 거치며 공익의 대변자로서 도시개발과 정비, 사회적 병리 현상의 치유라는 역할을 담당해온 것은 예외가 아니었다. 1970~80년대에는 주거와 교통에서 발생하는 사회적 병리 현상을 치유하고 적정규모의 사회간접자본을 제때에 확충할 수 있도록 계획을 제시하던 정치권력의 조력자이기도 하였다. 1990년대 이후에는 환경을 넘어 방재와 첨단 IT의 세계에 이르기까지 다양한 병리 현상의 원인을 규명하고 치유책을 내놓을 수 있는 실천적 이론가로 지평을 넓혀왔다. 그러나 한편으로 그들이 치유책을 내놓기에 정말 적합한 전문가였는지에 대한 몇 가지 의문을 제기하지 않을 수 없다. 그 의문은 다음과 같다.

1. 잘못된 개발이었다고 평가받는 계획을 수립한 도시계획가가 이를

뒤엎는 새로운 개발계획의 수립을 위한 전문가로 다시 **등장**하고 있지는 않은가?

2. A분야의 처방을 내놓은 도시계획가가 그와는 색다른 B분야, C분야의 처방가로도 나서고 있지는 않은가?

3. 일부 경험 많은 계획가가 만병통치약을 제공하는 만능전문가로 대우받고 있지는 않은가?

이러한 의문의 기저에는 "그들이 그렇게 적절한 처방을 내놓았다면 우리의 도시는 지금 즈음 수많은 병리적 현상으로부터 치유된, 상당히 건강한 도시구조를 유지하고 있지 않겠냐?"라는 반문이 자리 잡고 있다. 즉, 이러한 반문은 어떤 면에서 상당히 신랄한 비판이요, 뼈아픈 지적이 아닐 수 없다. 만약 전문가로 '인정'받았던 도시계획가들이 이들의 비판적 시각에서 벗어날 수 없다면, 우리는 도시계획가가 왜 이런 비판에 직면해야 했는지를 적어도 위의 세 가지 의문을 근거로 자성해봐야 한다. 물론 도시계획이 복합적인 사회현상을 다루는 학문이요, 미래의 바람직한 도시를 계획하는 것인데 예상치 못한 의외의 결과가 발생하면 바로 이러한 점 때문에 문제가 생길 수도 있으니 그것은 "나의 책임이 아니다."라고 항변할 수 있다. 좋다, 충분히 인정할 수 있다. 사회현상을 다루는 학문으로써, 거기다 미래를 그려나가는 학문으로써 항상 정확한 예측이 가능하지만은 않다. 그러나 계획 오차나 오류에서 발생하는 것은 충분히 인정한다 하더라도 위에 제기한 세 가지 의문은 계획 오차나 오류라기보다는 계획가 자신들이 새겨들어야 하는 비판적 지적이다.

첫째의 의문을 다음의 예로 살펴보자. A시에서 0000년도에 신도시 '개발'사업을 계획할 때 B라는 도시계획가는 핵심적인 계획가로 참여하였다. 그런데 개발이 완료되고 주민이 입주하면서 교통혼잡, 기반시설 불충분 등 주거여건의 불만이 터져 나오기 시작했다. 반면에 신도시 개발로 공공기관 이전과 인구유출을 겪은 구도심은 상권 위축 등 급속한 낙후와 인구 공동화를 겪기 시작했다. 10여 년이 지나서 A시가 구도심의 낙후를 해결하는 도시'**재생**'사업을 추진하려 할 때 B계획가는 자신을 적임자로 내세워 과제 공모에 당첨(?)되었으며, 다시 과제책임자로 등장한다. ― 여기서 글을 읽는 일반인들이 '**개발**'이라는 단어와 '**재생**'이라는 단어가 얼마나 상극인지 그리고 그 두 단어가 던져주는 뉘앙스가 얼마나 엄청난 차이를 보이는 것인지 인식하고 있다면, 동일한 계획가가 완전히 다를 수 있는 일의 책임을 맡는 것이 얼마나 말도 안 되는 아이러니인지를 폐부 깊숙한 곳에서부터 느낄 수 있을 것이다― 하지만 실제로 이러한 일은 허다하게 벌어진다. 어쩌면 백번 양보해 해당 지역에 계획가가 충분하지 못해서 옛 사람을 다시 데려와 일해야 하는 그런 상황이었는지도 모르겠다. 비록 그럴지라도, 어처구니없는 변명처럼 들리는 것만은 부인할 수 없다. 다시 말해 국가의 성장을 위해 국토개발을 줄기차게 주도하던 계획가가 세월이 바뀌어 국토의 환경 훼손에 대한 지적이 일어나자 국토보전과 국가환경 보호의 주도자로 재등장한다면 이를 어떻게 받아들일 수 있겠는가? 만약 의학계에서 A라는 의사가 B라는 환자를 치료하다 의료사고가 발생한다면, A의사는 더 이상 B라는 환자를 치료할 수 없을 뿐만 아니라 의료사고에 대한 책임을 져야 할 것이다. 그리고 만약 A라는 의사의 전공이 B라는 환자가 앓고 있는 병과 관련이 적음에도 자신이 의학적 경험이 많고, 박학다식하며, 그렇기 때문에 충분히 치료를 할 수 있다고 주장하며 치료 행위를 하였다면 이는 유사의료행위로 간주되는 범죄행위가 될 수 있다. 박학다식한 제너럴리스트generalist가 특정 분야의 전문가specialist를 대신할 수 없기 때문이다. 도시계획도 마찬가지라고 본다. 이렇게 보면 두 번째 의문에서 제기한 A분야의 처방을 내놓은 도시계획가가 B분야, C분야의 처방가로도 나서고 있다는 말이 무엇인지 굳이 사례를 들지 않더라도 쉽게 이해할 수 있을 것이다. 도시계획에 있어서 가장 기본이 되는 것은 토지에 대한 이용계획을 수립하여, 토지이용의 용도와 규모를 정하며, 이를 도면상에 나타내어 도시를 구상하는 행위이다. 이런 일은 도시계획의 전공자라면 기본적으로 습득하는 지식이다. 그러나 이런 지식을 습득하고, 다년간의 경험을 쌓은 것으로 도시계획의 전문분야를 충분히 익혔다거나 섭렵했다고는 말할 수 없다. 의학계에 비추어 보면 가장 기본이 되는 일반의 수련과정을 겪었을 뿐이지 그 다음은 특정 분야의 전문의 과정을 밟아야 한다. 그리고 그 분야에서도 뛰어난 숙련의가 되기까지 끊임없는 임상경험과 연구학술 능력을 축적해야 한다. 이와 마찬가지로 도시 분야도 전문가가 되기 위해서는 도시개발, 도시설계, 도시경제, 지역경제, 도시재생, 도시교통, 도시환경, 도시생태, 나아가 도시문화와 도시사회 등 수많은 계획 분야 중 어느 한 분야에서 석사 및 박사학위를 취득하여 학술 분야의 전문가로 발돋움하게 된다. 실무 분야에 있어서도 도시계획기사를 취득한 이후 해당분야에서 다년간의 경력을 쌓고, 기술사 자격시험에 합격하여 도시계획기술사가 될 때 비로소 전문가로 발돋움하게 된다. 그런데도 도시계획의 문제는 도시계획기사 단독으로 처리할 수 없다. 조경기사, 환경기사, 교통기사, 토목기사 등 전문적 역할이 구분되어 있어 협력을 통해 도시계획을 수행하고 있다. 앞으로는 도시계획에서도 도시계획기사, 도시재생기사 및 도시개발기사 등으로 분야가 더욱 전문화되고 세분화될 것으로 예상하고 있다. 그런데 대학에서 도시계획을 가르치는 교수들 중에는 도시계획과 관련된 일이라면 거의 모든 분야에 대표자로 내세워져서 왈가왈부하는 경우를 발견한다. 때로는 A지역을 대표하는 교통전문가로 변신하기도 하고, 또 때로는 그가 환경전문가나 도시재생전문가로 변신하기도 한다. 다년간의 경험이 축적되어 있다는 이유이기도 하고 지역 출신의 전문가라는 이유로도 말이다. 이는 세 번째의 의문인 일부 경험 많은 계획가가 만병통치약을 제공하는 만능전문가로 대접받고 있는 것과도 관련이 있다. 물론 축적된 경험은 존중되어야 한다. 다만, 이런 일이 빈번히 발생했던 원인은 도시계획이라는 학문이 20세기에 등장하여 아직 체계적으로 정착되지 못한 것 때문이기도 하며, 해당 분야의 전문가가 충분히 양성되지 못한 전문가 부족의 문제이기도 하다. 그런데 아무리 좋게 보고 넘어가려 할지라도 간과하지 말아야 할 것이 있다. 도시계획과 관련된 정책결정에 공공기관이 해당 기관에 호의적인 특정 교수 등을 선호하면서 실질적 전문가를 배제하는 '잘못된 선호의 문제'를 발생시키는 것이다. 이것은 박학다식가냐 전문가냐의 차원을 넘어선 도시계획의 전문성에 대한 일반인의 신뢰까지 무너뜨리는 심각한 사항이 될 수 있다.[4] 따라서 이러한 비판을 받지 않기 위해서는 계획가의

---

4 현실 정치에 적극적으로 참여하는 교수를 일컫는 용어로 폴리페서(polifessor)라는 합성어가 있다. 대학 교수직을 발판 삼아 입신양명을 꿈꾸는 행태의 정치성향의 교수를 지칭하며, 부정적 의미를 띤다. 학자의 역할에 충실하지 못한 것이 주된 비판의 근거다. 그러나 진정으로 학술연구와 교류에 매진하고, 지속해서 연구논문을 써가는 대학교수까지 매도해서는 안 된다. 평생을 공부하는 사람들이 대학교수다. 그들은 학술활동을 통해 자신의 연구 분야를 더욱 심화시키고, 새로운 연구영역을 개척하며 선도해나간다. 이분들의 역할은 사회의 변화에 깊숙이 투영되어야 한다.

전문성을 강화하는 장치를 마련하는 것과 전문가의 위촉에 객관적 근거가 확보될 수 있도록 하는 장치를 마련하는 것이 필요하다. 학술적 계획가만큼은 어떤 연구논문을 써왔는지 연구업적을 바탕으로 활동 분야를 명확히 나타낼 필요도 있다. 개발계획 참여자에게는 **계획가 실명제**를 도입하는 것도 하나의 방안이다. 이러한 계획실명제는 결과적으로 특정 계획이 누구에 의해서 수행되었는지 책임소재를 분명히 할 수 있다. 또한 계획안이 실체가 있는 법·제도나 개발사업 혹은 건축시설물로 구체화되었을 때 긍·부정적 파급효과에 대한 검증이 가능하기 때문이다.

다음에 이어지는 글[5]을 통해 적절한 전문가의 선택이 얼마나 중요한가를 살펴보자. 글쓴이의 판단이 맞는지, 또 다른 관점에서의 판단이 가능한지도 평가해보자. 그 과정에서 과연 내가 전문가추천위원회의 일원이 된다면 어떤 전문가를 모실지, 그리고 내가 그렇게 모셔진 전문가라면 어떤 판단을 내려야 할지를 생각해보자.

　　한 가족이 오랜만에 외식을 하러 갔다. 모두 기쁜 마음으로 동네에서 가장 맛있다고 소문난 음식점에 갔다. 그리고 메뉴판을 보면서 음식을 주문했다. "여기, 전주비빔밥 4인분 주세요." 음식점 주인은 주문을 받고 주방으로 갔다. 그런데 잠시 후에 나온 음식은 국수였다. 가족들은 어이가 없어서 주인에게 따졌다. "우리가 주문한 것은 전주비빔밥인데, 왜 국수를 가져다줍니까?" 그러자 주인은 "우리 집에서 가장 맛있는 음식은 국수입니다. 그래서 음식전문가인 우리 집 주방

5　이 글은 2005년 8월호 월간지 열린전북에 투고했던 '호남고속철도 분기역 결정 어떻게 볼 것인가?'라는 기고문 일부이자, 《도시, 인간과 공간의 커뮤니케이션》(대한국토·도시계획학회 저, 커뮤니케이션북스, 2009)라는 책에도 글쓴이가 공저자의 한 명으로서 서술한 내용 중 일부에 해당하기도 한다.

장과 주변 식당의 주방장들을 모아 회의를 한 결과 국수로 드리기로 결정했지요."라고 말했다. 만약에 어떤 식당에서 이런 식으로 주문하지도 않은 음식을 가져다준다면 손님은 받아들일 수 있을까? 아마 그 음식점은 며칠 안에 문을 닫아야 할지도 모른다. 어쩌면 주인과 주방장은 야단을 맞고 쫓겨나야 할지도 모른다. 그런데 ○○고속철도의 분기역을 결정하는 과정에서 유사한 일이 일어났다고 하면 어떤 감정을 갖게 될까? ○○지역인들의 숙원사업이던 ○○고속철도의 건설이 확정되었다. 앞으로는 200km/h의 속도를 능가하는 ○○고속철도를 타고 서울에 다다를 수 있다. 기술적으로 고속을 유지하기 위해서는 우회하지 않고 직선으로 운행하는 노선을 선정한다. 이것이 ○○지역민들이 바라는 바요, 기술적 상식이다. 그런데 무슨 일이 벌어졌는가? 또 서두에 뜬금없이 표현한 글은 무엇을 의미한단 말인가? 한번 찬찬히 되짚어보고자 한다. 오랜만에 외식을 하게 되어 기분이 좋은 가족은 ○○지역인들을 의미한다. 외식이란 즐거운 일을 빗대어 한 말로 ○○지역의 숙원사업인 ○○고속철도의 건설이다. 그런데 이 과정에서 정부로부터 분기역의 건설에 대한 이야기가 나온다. 음식점은 정부이고 음식점 주인과 주방장은 정부의 관련 부처 및 ○○고속철도의 분기역을 결정하기 위해 구성된 전문가집단이다. 여기서 손님은 ○○고속철도의 분기역으로 A시라는 전주비빔밥을 주문했다. 하지만 음식점 주인과 주방장은 "우리 음식점에서 가장 맛있는 요리인 국토 균형발전 국수를 드리겠습니다."라고 하며, 수요자요 손님이 요구하지도 않은 엉뚱한 음식을 갖다놓고 이미 결정된 것이니 먹으라고 요구한다. 그리고 손님이 원하던, 원치 않던 이미 전문가 회의를 통해 결정된 것이니 따르라는 것이다.

　세상에 이런 억지가 어디 있을까? 물론 서두에 쓴 비유가 다른 모든 경우에 적용될 수는 없을 것이다. 하지만 이번 결정에 대해서는 이해할 근거를 찾기가 힘들다. 도대체 ○○고속철도를 이용하는 절대적 고객이 누구란 말인가? 100번 손을 뒤집어잎어도 ○○지역인임이 분명하다. 이런 ○○지역인이 우회 노선을 원치 않는데 굳이 우회 노선을 결정하며 국토균형발전을 주장하는 전문가 집단은 무엇이란 말인가? 또 진문가직 평가를 흔다며 전국적 설문을 실시한다. 그 결과 ○○고속철도를 이용하는 주 고객인 ○○지역인의 의견은 소수로 전락하는 어처구니없는 일이 발생한다. 이러한 결정을 놓고 다른 음식점의 주방장이자 제삼자가 왜 손님의 음식에 대해 결정권을 행사한단 말인가? 만약 그 주방장들에게 다른 사람이 결정한 음식을 먹으라고 한다면 받아들이기가 쉽겠는가? 게다가 우회 노선이 몇 분 느려지는 것에 불과하니 별문제가 없다고 주장하기도 한다. 하지만 요즘과 같은 초고속 시대에 몇 분, 몇 초를 가볍게 대하는 자세 또한 사리에 맞지 않는다. 또 건설비가 훨씬 절감된다고도 주장하는데, 그렇다면 더 가까운 도시에 분기역을 만들면 더욱 절약되는 것이 아닌가? 도저히 이해할 수 없는 논리를 펼치는 전문가 집단의 주장에 안쓰러운 마음을 금할 수가 없다. 서두에서 표현했던 비유 중 "적어도 주인과 주방장은 야단맞고 쫓겨나야 할지도 모른다."고 했는데 이번 ○○고속철도 분기역을 결정하는 데 결정적 역할을 했던 전문가 집단은 어떻게 될 것인가? 여전히 국가의 국토 및 교통정책을 결정하는 데 변함없이 핵심적, 아니 독보적 지위를 유지하고 있다. 앞으로도 계속해서 국가정책 결정의 핵심 평가단으로 입지를 굳혀나갈 것이 뻔하다.

전문가의 역할이란 무엇인가? 전문가란 자의적 결정을 내리는 집단이 아니다. 또 수요자와 격리된 독단적 혹은 독보적 집단도 아니다. 전문가란 전문 지식을 바탕으로 양심에 따라 수요자에 해당하는 국민의 편에서 가장 이해하기 쉽고 합리적인 결정을 내려주는 집단이다. 즉, 수요자의 가려운 곳을 시원하게 긁어주는 존재이다. 이러한 임무를 수행하지 못할 때 수요자로부터 불신의 대상이 될 수 있다.

물론 지금까지 펼친 필자의 논지가 100% 맞는다고 주장하고 싶지 않다. 앞으로 새롭게 전개될 다양한 개발사업을 보지 못하고 단순히 노선의 근거리성만 보고 판단한 단견이 너무 미시적일 수도 있기 때문이다. 그러나 아날로그 시대 때와 같이 소수 전문가의 한마디가 곧 법은 아니다. 다수의 일반인도 디지털 정보를 이용하여 상당한 전문가적 능력을 갖추고 충분히 합리적인 판단을 내릴 수 있는 시대이다.

1.3 공적 책무의 보루 vs. 사적 소유권의 대변인

도시계획가의 역할은 참으로 미묘하다. 어떻게 보면 도시의 무분별한 개발을 제어하고 통제하기 위해 엄격한 계획을 수립하는 공적 책무Public Stewardship의 보루처럼 보이기도 하고, 또 토지소유주 등 사인과 더불어 개발사업을 추진하는 사적 소유권Private Ownership자의 대변인처럼 보이기도 한다. 왜 이런 현상이 일어나고 있을까? 이를 좀 더 쉽게 이해하려면 도시계획가 집단의 역할이 어떻게 구분될 수 있는지 살펴보는 데서 실마리를 풀어갈 수 있다.

도시계획가들은 크게 세 가지 영역에서 활동하고 있다. 서충원, 2006, p.11. 첫 번째는 공공 계획가들의 영역으로, 두 번째는 실무 계획가들의 영역으로, 그리고 세 번째는 학술적 계획가들의 영역으로 나눌 수 있다.[6]

---

6 "계획이론의 추구자로서 공간계획가의 역할과 자화상"이라는 논문(이문규·황지욱, 한국지역개발학회지 제23권 제4호, 2011)에서 도시계획가를 세 가지의 영역으로 분석하여 다루고 있으며, 그 일부분을 발췌하여 수정한 것이다. 더욱 자세한 내용이 궁금한 분은 논문 검색을 통해 살펴볼 것을 추천한다.

도시계획가의 구분	종사기관	역할과 기능	비판
공공 계획가	정부, 지방자치단체 및 산하 공공기관	• 계획관리를 통한 성장관리 (시장의 감시·감독) • 토지이용의 합리화를 위한 규제	계획 결정권자에 대한 종속관계
실무 계획가	계획전문 민간회사	계획수립을 통한 계획서와 도면(Plan & Map) 작성	계획 결정권자에 대한 종속관계
학술적 계획가	대학 및 연구소	• 교육활동 및 계획이론 창출 • 위원회 등에서 심의 및 자문을 통한 사회참여	절대적 계획가치의 부재에 따른 모순적 행동

먼저, 첫 번째로 공공계획가들Public Planners을 살펴보면, 정부, 지방자치단체 및 산하 공공기관의 종사자들이 해당한다. 이들은 공적 이익을 대변하는 제도를 만들고 운영·관리하는 역할을 담당하고 있다. 물론 공공계획가의 경우에도 규제와 관리를 위해 법제를 만들고 집행하는 정부와 지방자치단체, 조사 및 연구를 주된 업무로 담당하는 국책 및 지방 연구기관 그리고 공적 개발사업을 시행하는 투자기관의 종사자들로 더욱 세분할 수 있다. 어쨌든 이들의 주된 임무는 정부의 시장개입과 같이 계획관리를 통하여 도시의 부적절한 성장을 관리하고 토지이용의 합리화를 위하여 규제를 추진하면서 공공의 복리를 보장하도록 감시하는 것이다. 즉, 법과 제도라는 수단을 이용하여 시장 교란을 통제할 수 있는 공권력Police Power이라는 막강한 권한을 부여받는 것이다. 실제로 정부와 함께 불합리하게 상승한 지가나 주택가격을 바로잡기 위하여 규제정책이나 제도를 만들기도 하며, 나아가 주택용지나 공업용지 등 개발용지의 개발을 추진하고, 주택이 부족하다고 판단되거나 주택가격이 급상승하면 공적 자금을 기반으로 대규모 주택개발을 추진하여 저렴한 주택을 안정

적으로 공급하며 주택시장의 안정도 도모한다. 이렇게 보면 정말로 대표적인 공적 책무의 보루로 여겨진다. 그러나 이러한 순기능에 비해, 이들이 최종 의사결정권자가 아닌 계획집행자로만 머물고 있을 때는 심각한 내적 모순에 빠질 수 있다. 그 이유는 정책결정권을 가진 해당 기관의 장이 특정의 '자기과시용' 공적 약속(줄여서 공약이라고 부름)을 제시할 때 이를 실행하기 위한 계획을 수립해야 하는데, 이러한 공약을 뒷받침할 만한 사회적 합의가 광범위하게 형성되어 있지 않다면 제시된 계획의 집행과 실행은 사회적 갈등과 논란을 부추길 수 있기 때문이다. 즉, 사회적 병폐를 해소하거나 더 나은 삶의 질을 보장할 수 있다는 분명한 이론적 기반과 명분 그리고 접근방법이 확보되어 사회구성원으로부터 절대적 지지를 확보하고 있어야 하는데, 그렇지 못한 경우 사회적 갈등을 촉발시키거나 공익의 가치를 제대로 반영하지 못할 수 있다는 것이다. 계획집행자로서의 공간계획가는 이때 잘못된 계획에 대해 명확한 비판을 가하고 바로잡을 수 있어야 한다. 하지만 공공계획가들이 이러한 비판권이나 거부권을 제대로 행사할 수 없는 수직적 계급구조 혹은 직급관계에 처해 있다면, 왕정 사회에서나 나타날 법한 '절대군주의 신하'로 전락하는 허수아비 신세가 될 수도 있다.

　　두 번째는 **실무계획가들**Planning Consultants이다. 이들은 계획전문회사에서 일하고 있다. 수적으로 살펴볼 때 이들은 계획가 집단을 대표할 만큼 다수를 차지한다. 대부분 도시계획 전문 엔지니어링 회사에서 활동하며 도시계획과 관련된 자격증을 소지한 기사 혹은 기술사들로 구성되어 있다. 물론 도시계획 전문회사는 아니더라도 개발사업의 시행 또는 건설회사에서 개발 사업을 담당하는 전문가로 활동하는 경우도 있는데, 이

늘 모두를 일컬어 민간계획가Private Planner라고 통칭할 수 있다.[7] 이들의 임무는 공공뿐만 아니라 민간이 발주한 모든 종류의 개발계획을 대행하고 실무적으로 계획서와 도면Plan & Map을 작성하는 것이며 최종적으로 발주자의 요구를 충족시키거나 수익창출에 기여한다. 이러한 임무를 수행하는 실무계획가에게는 개발계획을 수립할 때 계획가 본인의 가치를 투영시키거나 주체적 판단을 내세우기보다는 대부분 발주자의 입장을 대변하는데 충실하게 된다. 계획가 본인의 가치를 투영시키거나 주체적 판단을 내세우는 경우가 있기는 한데, 이는 발주자의 입장을 더욱 보완하거나 강화하기 위한 조언자의 역할을 할 때만 해당한다. 그렇지 않고 개발계획에 반하는 견해를 피력할 경우에는 계획의 수주를 포기하겠다는 것과 다름없다. 어떻게 보면 자신의 의사를 내세울 수 없는 가치중립적 존재가 되는 것이다. 이러다 보니 공공기관으로부터 공익을 위하여 발주한 계획을 수립할 경우와 민간으로부터 사익을 위하여 발주한 계획을 수립할 경우, 그 역할이 극명하게 갈리는데 여기에 내재적 모순이라는 양면성의 문제에 봉착한다. 즉, 민간으로부터 발주되는 계획은 개발이익의 극대화를 통한 사익의 창출에 목적이 있으므로 발주자의 이익을 극대화시켜줄 수 있는 계획을 수립하여야 하지만 공익을 대변하는 계획관리기구로부터 감시와 감독을 받는 과정에서 의도하였던 목표를 달성하지 못하게 될 수도 있다는 것이다. 그렇다면 여기서 "과연 계획가가

---

7 부동산개발 분야에서는 이들을 개발사업자 또는 시행사(Developer)라고 부르기도 한다. 현대 사회에서 이들의 역할은 건설사업의 관리는 물론, 사업성 분석, 설계, 시공사 선정, 마케팅, 프로젝트 파이낸싱, 공사관리 등 건축과 개발의 시작부터 끝까지 일괄 수행하는 전문가에 해당한다.

사적 이익을 대변하는 것은 그릇된 것인가?"라는 고민도 떠오른다. 이에 대해서는 우리가 시장경제의 원칙을 표방하는 자본주의 사회에 살고 있는 이상 계획가는 사적 재산권을 적극적으로 보호해야 할 책임이 있다고 말하고 싶다. 우리나라의 최상위법인 헌법 23조에도 모든 국민의 재산권은 보장되어야 한다고 명시하고 있기 때문이다. 물론 재산권의 행사가 공공복리를 침해하거나 적합하지 않을 경우에는 제한될 수 있는데, 이러한 제한이 발생할 때도 정당한 보상에 준하여 제한하도록 명시하고 있다. 민법은 이를 더욱 상세하고 구체적으로 기술하고 있으며, 이 외에도 사적 재산권의 과도한 행사나 과도한 제한에 대해서는 판례를 통해 시정과 조정이 이뤄지고 있음을 확인할 수 있다. 따라서 사적 재산권을 대변하는 것을 무조건 그릇된 것으로 바라보는 시각은 옳지 않으며, 사적 재산권의 대변가로서 활동하는 역할도 중요함을 알 수 있다.[8]

세 번째로 학계에서 활동하는 **학술적 계획가들**Academic Planners이 있다. 이들의 주요 임무는 도시계획 전문가를 양성하는 교육활동과 계획이론을 창출해내는 연구 및 학술활동이다. 학술적 계획가는 연구 성과를 바탕으로 자신이 추구하는 도시계획의 이념적 가치를 표방하게 된다. 더불어 정부, 지방자치단체, 공공기관, 민간회사 등을 상대로 프로젝트를 수행하거나 자문 또는 심의기구인 각종 위원회의 위원으로 활동하며 보조적 입장에서 계획참여의 역할을 수행한다. ─자문 및 심의와 관련된

---

[8] '사적 재산권의 대변가로 활동하는 역할이 중요하다'라는 문구를 마치 도시계획가들이 담당해야 할 유일한 역할인 듯 강변하는 것은 커다란 왜곡이다. 이 문구는 도시계획가란 공익을 보호함과 더불어 사적 재산권의 침해가 일어나지 않도록 균형감 있는 판단을 내려야 함을 강조하는 것이다.

이야기는 제4장 '도시계획위원회, 이는 무엇인가?'에서 더욱 자세하고 흥미진진하게 읽을 수 있다— 그러나 학술적 계획가들에게도 내적 모순은 그대로 있다. 이는 도시계획 전문가를 양성해내는 교육활동의 과정에서 분명히 드러나는데, 후학으로 양성되는 전문가 집단이 공공기관에서 규제와 관련된 제도를 기반으로 시장을 감시·감독하는 계획관리자이기도 해야 하며, 다른 한편으로 민간기구에서 사익의 극대화를 추구하는 개발업자developer이기도 해야 하기 때문이다. 이러한 양자를 양성해내는 것은 사회적 요구에 따른 당면한 책무이다. 그런데도 때로 이러한 책무가 학술적 계획가로 하여금 자신의 정체성에 대한 혼란을 유발하기도 한다. 또한 권력기관의 자문가로서 활동하는 가운데에도 비슷한 고민이 생기게 된다. 예를 들어 정부로부터 제기된 계획안이 국민 혹은 시민과 같은 수요자의 입장을 정확히 대변하고 있는 것인지 아닌지를 명확히 판단할 수 있는 경우라면 커다란 무리 없이 광범위한 지지를 얻어 결과물을 도출해낼 수 있다. 하지만 어떤 경우는 수요자의 입장을 진정성 있게 대변하는 계획인지 아니면 공급자의 일방적 의지가 표출된 계획인지를 구분하기 몹시 모호할 때가 있다. 특히 공급자와의 관계나 친분에 따라 제대로 검증되지도 않은 계획안에 대해 당위성을 역설하는 논리까지 개발해주는 역할을 담당하기도 한다. 국책사업이라는 명목으로 계획되었던 사대강 사업이, 혹은 제주 강정마을에 해군기지를 설치하는 사업이 그랬을 수 있다. 이러한 계획에 대한 자문이나 승인은 사회적으로 커다란 반향을 일으키며 사회적 갈등을 촉발하게 된다. 나아가 도시계획이 단순히 수리적 계량에 따른 처방이나, 단기간에 걸친 처방 혹은 국지적인 사안에 대한 처방만을 내리는 것이 아니라 사회과학적 판단에 따른 대안, 장기간에 걸친 미래 사건에 대한 예방적 조처를 취하는 것으로서의 대안, 혹은 복잡하게 얽혀 있는 사안에 대한 종합적 대안을 내놓아야하는 경우가 허다한데 수많은 불가측성의 변수로 말미암아 이에 대한 확정적 정답을 내놓기는 지극히 어렵다. 결국, 이러한 경우에 학술적 계획가는 자신이 추구하는 이념적 가치에 따라 수요자를 대변하는 태도를 보이기도 하고, 공급자를 대변하는 태도를 보이기도 하는 양면성을 보인다. 바로 이러한 문제로 말미암아 도시계획가의 판단은 절대적 가치를 지닐 수 없다는 비판에 직면하기도 한다.

이제 도시계획가가 '공적 책무의 보루이어야 하는지, 아니면 사적 소유권의 대변인이어야 하는지'라는 흑백논리는 우리가 경계하여야 할 그릇된 사고방식임을 알게 되었다. 공적 책무도 중요하고 사적 소유권의 대변도 중요하다. 이런 논란에 휘말리기보다는 자신의 역할에 충실하지 못한 내적 문제점을 깊이 인식하는 것과 자신의 역할에 충실하지 못하도록 하는 문제점을 짚어 방지대책과 개선안을 내놓는 것이 더욱 중요하다.

1.4 도시계획가가 되는 길

그렇다면 도시계획가가 되기 위해서 실질적으로 필요한 것은 무엇인가? 그리고 어떤 능력을 갖출 때 자신의 역할에 충실한 도시계획가가 될 수 있을까? 이 질문은 글쓴이도 꽤 젊은 시절부터 반복적으로 던져온 질문이었다. 또 글쓴이에게 이런 질문을 던진 제자들과 젊은 계획가들도 많이 있었다. 그러나 이 질문에 쉽게 대답할 수 없었다. "괜히 섣불리 이거다 저거다라고 난정적으로 말했다가 경박함이나 독선만이 만천하에 드러나는 것은 아닐까?"라는 두려움도 들었다. 그렇기 때문에 조심스러운 계획가일수록 말을 삼가고, 피하는 경우도 많다. 하지만 언제까지 이를 회피할 수 있겠는가? 이런 점에서 경박하다거나 독선적이라고 핀잔을 들을지라도 그 해답의 실마리만큼은 제시해봐야 할 것 같다. 최소한 잘못된 과오, 논란이 양산된 계획을 돌아보면서 그것을 반면교사로 삼는 데서 출발해보면 최선은 아닐지라도 꼬인 실타래의 실마리 정도는 풀리지 않을까? 다만 결론적 화두는 미리 던져두고 이야기를 풀어나가고 싶다.

1.4.1 과거와 현재를 자세히 돌아보고 접목하는 관찰자

수많은 계획가가 자신이 배우고 키워온 꿈과 이상을 실현해보고 싶어한다. 더 나은 세계(?)를 보고 온 젊은 학자들일수록 신세계의 모습을 덧입히고 싶은 욕구가 크다. 대학에서도 외국의 사례를 소개하면서 우리의 것은 별것 아닌 것처럼 다룬다. 사회도 공공기관도 그런 기대가 크다. 어떤 학술용역을 발주하더라도 서구 유럽과 미국의 것을 이른 시일 내에 접목하길 원한다. 우리에게 없던 초고층 첨단도시가 부럽고, 시원시원하게 뚫린 초고속도로가 부럽고, 초대형상점SSM : Super-supermarket이 부럽다. 우리 것은 별로 쓸모없는 것, 낡은 것처럼 보이고, 밖의 것은 다 좋아 보인다. 외국에서 공부하고 들어온 어떤 학자들은 "내가 도시○○ 분야의 전문가입니다."라는 말을 입에 달고 다닌다. 이러한 부류를 좋아하는 개발사업 발주기관의 최종 결정권자는 그를 통해 개발사업을 실현해보는 데 안달이 난다. 그런데 이렇게 외국 것을 가져다 덧입히면 좋기만할까? 아니 꼭 외국 것이 아니더라도 서울이 가장 앞서간다고 모든 도시가 서울을 따라하면 좋기만 할까? 부산에 가도, 광주에 가도 서울만 보이고, 하다못해 좀 더 작은 지방 도시에 가도 서울의 모방만 보인다면 좋기만 할까? 이렇게 되면 극단적으로 서울에 가득 찬 고층아파트만이 온갖 도시에 즐비하게 보이게 된다는 것이다. 오늘날 우리나라의 많은 도시를 보면 자아 정체성은 상실된 '겉 물든 도시'만이 존재하는 듯하다. 운전을 하다 과적차량을 보면 피해가거나 얼른 지나쳐가고 싶은데, 우리나라의 대도시를 보면 마치 너무 많은 적재물을 쌓고 브레이크가 파열될 것처럼 질주하고 있는 과적차량을 만난 것 같은 느낌을 받는다. 그래서 글쓴이는 우리나라의 수많은 대도시를 용량을 초과하고 온갖 배기가스를 끊임없이 뿜어내는 '**과적도시**'라고 말하곤 했다.[9] 또 때로는 과적도시뿐만 아니라 출처도 정확히 모르고 어디서 어떻게 베껴온 것인지도 모르게 그저 이곳저곳으로부터 싸구려처럼 마구 복사해온 **복제도시** 혹은 카피copy도시처럼 느끼기도 했다. 과연 이런 도시가 더 나은 세계의 모습일까? 물론 서울이 지방보다 그리고 서구세계가 우리보다 더 나은 계획과 제도를 가지고 있을 수 있음을 부정하려는 것이 아니다. 여기서 의도

---

9 과적도시라고 부를 수 있는 대표적 사례로 홍콩의 Kowloon Walled City를 소개하고 싶다. 사진작가 Greg Girard와 Ian Lambot가 찍은 300여 개의 고층건물이 미로처럼 다닥다닥 붙어서 지어졌던 중국군 주둔지로, 제2차 세계 대전이 끝난 뒤 무단거주자들이 들어와 살면서 성곽도시로 불리게 되었다. 지구상에서 가장 밀집한 주거지로, 한때 33,000여 명의 주민이 밀집해 살았다. 무법천지의 세상으로도 알려졌으며, 마약거래상, 매춘, 도박, 불법 범죄자 등의 은신처요, 가난을 벗어나지 못한 이들의 마지막 거처였다. 어쩌면 푼돈을 벌 수 있던 마지막 거처이자 푼돈이 떼돈이 될 수 있던 마지막 거처였는지 모르겠다. 1994년에 주변개발의 압박을 이기지 못하고 최종적으로 철거되었다. 어쩌면 더 빨리 철거해버리거나 피하고 싶었던 '과적차량'의 모습은 아니었을까? 내부공간의 삶, 모습 그리고 일상의 내용은 다음에 제시된 사진의 출처에 나와 있다. 읽는 이들은 꼭 찾아서 자세한 상황을 확인한 뒤, 과적도시의 아픔을 느껴볼 수 있기 바란다.
http://www.dailymail.co.uk/travel/travel_news/article-3600482/Kowloon-Walled-City-blighted-overcrowding-poverty-crime.html

하는 논지는 어떠한 집목이 이루어져야 하냐는 것이다. 단순한 접목이나 아이디어의 제공이 아니라 계획가는 더욱 근본적인 문제점을 고민하고, 그에 맞는 대안을 제시하는 존재가 되어야 한다는 것이다. 이를 위해서 우리는 과거에 우리가 공유했던 가치와 우리가 가지고 있는 현재의 가치를 재발견하는 노력부터 기울여야 한다. 우리의 도시와 농촌, 우리의 생활상, 우리의 공동체 문화, 우리의 자연과 환경 등 우리가 가지고 있는 자산에 대해 다시 한번 눈떠야 한다. 그리고 그것이 어떻게 변하여 왔고, 때로는 무엇 때문에 붕괴하였으며, 때로는 무엇 때문에 더 나아졌는지, 그리고 지금 앞으로 나아가기 위해 그 공동체 속에서 살고 있는 주민들이 가장 고민하며 바라고 있는 바가 무엇인지 살펴보아야 한다. 그리고 새로운 것을 접목하고자 한다면 왜 꼭 그것을 접목해야 하는지, 더 나은 대안은 없는지, 그리고 그것이 어떤 파급효과를 가져올지 긍·부정적 요인을 깊이 있게 예측해봐야 한다. 이것은 공자가 논어 위정爲政 편에서 한 말인 온고이지신溫故而知新과도 일맥상통한다.[10] 이제 다음에 제시된 사례를 가지고 위에서 말한 논조가 어떻게 부합하는지, 그리고 얼마나 부합하는지를 살펴보려고 한다.

---

10 《논어(論語)》의 위정(爲政) 편에서는 공자가 스승의 자격을 논하며 "옛것을 익히고 새로운 것을 알면 스승이 될 수 있다[溫故而知新, 可以爲師矣]"라고 말하고 있다. 여기서 옛것이란 태평성대였던 주(周)나라의 문물과 제도를 가리키며, 당시 혼란한 세상을 바로잡는데 훌륭한 '이전 시대'의 문물과 정신을 배우고 본받는 것이 선행되어야 함을 강조한 말이다. 그런데 이 온고이지신에 나온 한자 '고(故)'는 '옛 고(古)'자가 아니라 '까닭 고(故)'에 해당한다. 이는 단순히 옛것이 아니라, 까닭, 이유, 원인을 파헤치는 자세를 가지라는 말과 같다. 즉, 본문에서 이야기 나눈 근원을 살펴 파악하려는 자세를 말하는 것이고, 이렇게 '왜?'를 통해 까닭을 규명하려고 할 때 문제해결의 열쇠를 찾아낼 수 있기 때문이다.

글쓴이는 전주시에 살면서 전주시의 심장부에 위치한 덕진 종합경기장 부지를 어떻게 활용하는 것이 좋을까 고민해왔다. 덕진 경기장은 건축된 지 50년이 넘은 공공 다중이용건축물이다. 그러나 시설이 노후화되고, 전주 월드컵경기장이 지어진 이후로는 사용횟수도 줄어들어 리모델링을 통한 다른 용도의 활용 필요성도 제기되고 있다. 이와 관련하여 백가쟁명식의 다양한 제안이 있었다. 한때 도 정부는 모 대기업과 협약을 체결하여 대형 쇼핑몰을 짓자고 여론몰이를 했었고, 당시의 시 정부는 컨벤션센터와 초고층 주상복합건축물을 짓자고 제안하였다. 지역주민은 주거용 혹은 주상복합용 재개발을 추진하기도 하였다. 다수가 이런 개발에 몰두하고 있을 때 소수의 사람으로부터 1,000년 전주를 빛낼 한글 공원을 짓자는 시민운동이 있었다. 이를 받아 일부 정치인도 선거공약으로 전주 밀레니엄 파크를 짓자는 공약을 내세웠다. 어쨌든 백가쟁명식의 제안이 쏟아질 때마다 시민들은 이것이 좋으니, 저것이 좋으니 하면서 이리로 우르르 쏠리고 저리로 우르르 쏠렸다. 이런 제안들을 놓고 과연 도시계획가는 어떻게 사안을 바라보고 해결점을 찾아가야 할 것인가?

여기서 우리는 이런 제안들이 나온 이유를 살펴보면서 제안의 타당성을 판단할 근거와 기준이 제대로 논의되고 있는지를 적어도 네 가지 면에서 살펴볼 수 있다. 첫 번째 제안의 등장은 도 정부와 모 대기업의 협약에 기반을 두고 있다. 해당 기업은 덕진 경기장 시설을 다른 곳에 지어주는 조건으로 해당 부지의 개발권을 보장받으려 하였다. 공공예산을 충분히 확보하지 못한 도 정부는 이 제안이 계획을 실행하는 데 적절한 대안이라고 판단하였다. 그러나 이 제안은 시민의 저항, 특히 소상공인들의 집단적 저항에 부딪혔다. 현재에도 백화점을 가지고 있는 그 기업이 더욱 큰 쇼핑몰을 건설한다면 이는 소상공인에게 또 다른 피해를 가중시키는 것이라는 주장이었다. 이에 대해 많은 사람들이 공감을 표명하였다. 물론 소비자들은 다른 견해를 내놓기도 하였다. 하지만 결국에 가서 소비자들마저도 "왜 하필이면 현재 그 자리의 바로 옆에 백화점을 운영하는 그 기업이 또 더욱 거대한 쇼핑몰을 지어 독점적 지위를 공고히 하려는가? 그리고 도 정부가 제동을 걸지는 못할망정 무슨 이유로 협력만 하려는가?"라는 의문을 제기하기에 이르렀다. 여타의 다른 기업이 들어와 상호 경쟁과 견제가 이뤄질 수 있도록 해서 시장경제의 원리가 작동하는 체계가 이뤄져야 하는데 한쪽에 다 퍼주는 식의 개발은 시민들도 받아들일 수 없다는 것이었다. 이런 저항으로 인해 이 계획안은 수면 아래로 가라앉고 있는 상태이다. 그러나 무엇보다 가장 핵심적 논의사항인 "이 부지에 쇼핑몰이 적합하냐?"라는 도시계획적 관점에서의 질문은 전혀 다루어지지 않은 상태이다. 두 번째 제안은 시 정부가 전주시에 부족한 컨벤션센터를 짓고, 초고층 주상 복합건축물을 개발해 여기서 창출되는 이익으로 덕진 경기장의 대체시설을 확보하려는 것이었다. 그런데 여기서 검토되어야 할 사항이 과연 어떠한 용도의 컨벤션센터를 말하는 것인지 아무도 자세한 설명을 하고 있지 못하다는 것이다. 컨벤션센터는 '어떤 용도냐?'라는 기능적 측면에서의 질문에 따라 도심 입지가 가능한 시설인지, 도시 외곽에 입지해야 되는 시설인지가 분명히 나눠진다. 그런데 이런 논의는 전무하다. 그저 서울에 있으니까, 부산에 있으니까, 그리고 대도시에 있으니까 우리도 대도시의 반열에 끼어 있어야 하는 것이 아니냐는 논조만이 느껴진다. 이것이 정부 정책이라는 것으로 포장되어 나타날 때 자주 보아왔던 행태이다. 정부 정책이니 정부는 ─ 그것이 중앙정부든 지방정부든 ─ 밀어붙이기식 사업을 진행하고 결과적으로 벌어지는 교통혼잡, 대기오염, 지가앙등 등의 피해가 발생해도 이것은 부수적인 것에 불과하다는 투인데, 결국 실생활에서 느끼는 피해는 고스란히 현재의 거주민이 떠안게 되는 것이다. 하여간 이 안에 대해서는 시민사회단체가 도시계획적 입장에서 입지 적합성의 문제를 거론(?)할 수 있게 만들어주었던 진일보한 제안이 있었다. 더불어 제시된 주상복합건축물과 관련해서도 과연 그 입지에 적합한 것이냐, 배치를 한다면 **어떤 규모의 어떤 형태**로 할 것이냐의 문제도 도시계획적 차원에서 입지 적합성과 용량 적합성을 따지는 요소로 살펴봐야 했던, 그러나 명확히 따져지지 않았던 제안이었다. 세 번째 제안은 한 명의 건축가, 한 명의 시민사회운동가 그리고 한 명의 도시계획가가 함께 만나 고민하고 숙의하며 만들어낸 결과물이었다. 이 숙고의 과정이 넷째 제안인 '천년 전주 밀레니엄 파크'로 약간은 변형된 형태의 선거 공약으로 제시되기도 하였다. 그렇다면 네 번째 제안은 세 번째 제안이 어떻게 만들어지게 되었는지를 살펴보면, 더 이상 논의하지 않아도 충분히 해소될 수 있을 것이다. 세 번째 제안은 앞선 두 제안에 대해 논의를 하던 중 도시의 공간구조상에서 이곳이 어떤 곳인가를 살피는 데에서 출발하였다. 즉, "해당 공간의 입지는 어디이며, 현재의 도시구조, 도시구성물, 도시환경으로부터 어떤 영향을 받고 있는가?, 해당 공간에 들어설 시설물이 도시에 미치는 긍정 및 부정적 요인들은 무엇인가? 그리고 역사적 맥락에서 이 도시의 정체성을 살릴 방안은 무엇일까? 무엇보다

이 도시의 시민들이 더 큰 자긍심을 가질 수 있는 필요 시설은 무엇일까?"라는 질문을 끊임없이 던지고 그 답변을 찾아내는 과정에서 만들어졌다. 우선 도시구조의 맥락에서 살펴보자. 해당 입지는 동서로 건지산－덕진공원－삼천－황방산의 산천축과 남북으로 완산 칠봉－전주천의 산천 축의 중심에 위치하는 생태환경의 핵심지이면서, 다른 한편으로는 전주에서 개발압력이 가장 센 부지 중의 한 곳이자, 도시교통의 동맥과 같은 백제대로의 중심부에 해당한다는 사실이었다'백제대로'는 서울의 강남대로와 비슷한 길에 해당한다. 그리고 해당 공간에 들어설 시설물과 관련하여 이미 제시된 두 제안의 장단점을 따져보고, 역사적 맥락에서 도시의 정체성에 부합하는지 그리고 시민들에게 정말 커다란 자긍심을 부여할 수 있는 시설인지를 살펴보았다. 이러한 숙고의 과정에서 첫 두 제안사항과는 완연히 대비되는 대안을 모색하게 된다. 그것이 '전주 온누리 한글들녘Jeonju Global Hangul Park'이다. 물론 다른 여러 가지 아이디어 차원의 대안이 제시되기도 하였으나, 먼저 공원에 초점을 맞춘 것은 해당 입지가 환경생태의 한복판이라 보전적 가치가 더욱 크다는 점, 그리고 전주에 전주시민 누구나 누릴 수 있는 평지형 공원이 거의 없다는 점, 전주의 복판에 위치한 저지대로서 홍수가 발생했을 심각한 침수피해를 받아 섣부른 고밀 개발은 또 다른 피해를 촉발할 수 있는 장소라는 점, 무엇보다 여름만 되면 도시 열섬으로 홍역을 치르는 전주에 공기의 숨통을 막는 형태의 대단위 개발이 가져올 수 있는 기후 환경적 재앙을 예방해야 한다는 점이 고민의 중심에 놓여 있었다. 그리고 한글 공원에 초점을 맞춘 것은 전주가 한식, 한복, 한옥, 한지 등 '한 스타일'의 중심이라는 점, 500년 역사 조선왕조의 태조인 이성계의 본향이 전주라는 점, 그리고 조선왕조의 가장 빛나는 업적으로 한글이 창제되었다는 점, 무엇보다 세계 어디에도 제대로 된 한글공원이 존재하지 않으며, 역사문화자산의 회복을 위해 전주라는 도시가 가진 역사성이 한글에 대한 최적의 입지성을 보여줄 수 있으리라는 점을 고려하여 한글 공원을 제시하게 된 것이다.

이는 단순히 단기간의 경제적 이익을 추구하는 개발계획보다 지역주민의 정체성과 자긍심에 커다랗게 이바지 할 수 있을 것이라는 사고에서 발로한 것이었다. 물론 이렇게 될 경우 대체시설의 마련을 위한 재원 확보는 쉽지 않을 거라는 반론도 제기되곤 하였다. 그러나 과연 공공으로부터의 재원 확보가 그렇게 불가능한 것인가? 꼭 특정 사기업에 땅을 팔아야만 재원이 확보될 수 있는가? 만약 그렇지 않고도 재원이 확보될 수 있는데, 이를 위해 힘을 써보지도 않고 섣불리 불가능하다고 단정 짓는다면, 그것은 공공기관의 직무유기나 공적 책무의 방임은 아닌가? 만약 공적 재원을 확보할 수 없다면 과연 어떻게 총선 출마자는 셋째 제안과 유사한 맥락을 띠는 넷째 제안을 공약으로 내세울 수 있었겠는가? 이러한 검토와 숙의의 과정은 오랜 기간에 걸쳐 체크리스트상에서 끊임없이 반복하며 이뤄져왔다.[11]

---

[11] 벤저민 프랭클린은 이러한 사고과정을 '신중 대수학' 또는 '도덕 대수학'이라고 불렀다. 이는 신중한 논리적 전개과정을 통해 더욱 올바른 판단을 내리는 정책분석과정이라고 정의할 수 있다. 이러한 정책분석은 4단계의 과정으로 이뤄지는데, 첫째는 정책의 긍·부정 효과(pros vs. cons)의 구분과 제시단계, 둘째는 각 효과에 대한 가중치의 부여단계, 셋째는 단순화의 단계 그리고 마지막으로 단순화 과정에서 상쇄되지 않은 항목을 기반으로 최종 정책결정을 내리는 단계에 해당한다. (자세한 사항은 《정책평가기법》(김흥배 저, 나남출판, 2003, pp.72-75)을 참조하면 좋을 듯하다.

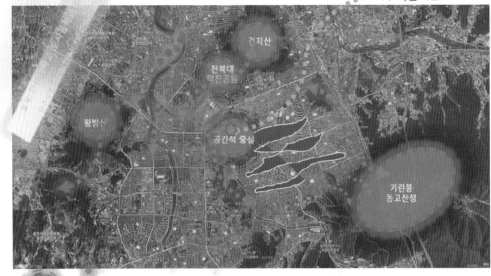

신선한 공기의 생성지 및 바람길 축 　 저지대 및 침수지대 　 바람이 막힌 공간

글쓴이는 셋째 제안의 3인 제안자[12] 중 한 명이다. 처음에는 가볍게 시작했던 논의가 해당 입지의 특성과 문제를 살피기 위해 도시 전체의 구조와 맥락에서 상황을 파악하는 가운데 점점 헤어 나올 수 없는 길로 빠져드는 듯했다. 그리고 도시의 정체성과 시민의 자긍심을 심어줄 수 있는 대안적 시설은 무엇일까를 고민하기까지에 이르렀다. 그런데 자료를 찾아 읽고, 지역주민들과 이야기를 나누던 중에 처음 이 부지에 공설

12　3인의 제안자 중 나머지 두 사람은 시민사회단체(NGO)인 참여자치 전북시민연대의 김남규 사무처장과 전주 출신으로 서울에서 건축사사무소를 운영하고 있는 백승기 건축사다. 그런데 건축사가 이런 일에 발 벗고 나섰다는 것은 정말 쉽지 않은 결심이었다. 미움받을 용기가 있는 백승기 건축사의 의식 있는 행동에 친구로서, 동료로서 그리고 지도교수로서 찬사를 보낸다. 《미움받을 용기》(기시미 이치로, 고가 후미타케 저, 전경아 역, 인플루엔셜, 2014)라는 책을 감명 깊게 읽고 제목에서 따온 것이니, 이 표현에 오해가 없길 바란다.

운동장을 짓기 위해 지방정부는 개인사유지에 대해 토지보상을 거쳐 매입하였으며, 경기장도 도민의 성금을 모아 지었기에 도민의 자긍심이 서려 있는 곳임을 알게 되었다.

　시설이 노후화되고, 사용횟수도 줄어들어 리모델링의 필요성이 제기되자, 도 정부는 모 대기업과 민자사업 협약을 체결하여 덕진 경기장은 이전 신설하고, 해당 부지는 해당 대기업의 쇼핑몰 개발이 가능한 기부대양여사업을 추진하게 된 것이다. 해당부지의 역사성은 전혀 고려되지도 않고, 지역주민과는 아무런 이야기도 나눈 바 없이 말이다. 이 땅에 대한 법리적 소유권을 도가 가지고 있다고 볼 수 있으나, 정말 이 땅을 사기업의 소유지로 넘기는 것이 바람직한 계획인가? 지금까지 불특정 다수의 시민이 이용하던 그 땅, 시민들이 적은 보상액에도 불구하고 공공의 목적을 존중하여 넘겨주었던 그 땅이 민간기업으로 넘어가는 것은 상식적으로도 받아들이기 어려운 정책이었다. 그래서 주변 입지까지 한데 묶어 더욱 구체적인 한글 공원의 계획안을 제시하게 된다.[13]

......

초판이 인쇄되고 있을 무렵이던가, 전주시 도시계획위원회에 참석하기 위하여 시청사에 발을 들여놓는데 1960년대 초반 전라북도가 전국체전을 개최하기 위해 경기장 건립을 위한 추진했던 역사에 대한 사진자료가 전시되고 있었다. '아니, 이런 기사와 사진과 자료가 있다니?' 글쓴이는 깜짝 놀랐다. 개인적으로는 어디서도 확보할 수 없던 자료들, 이 책의 초판에 실었으면 정말 좋았을 자료들이 내 눈앞에 생생하게 펼쳐져 있었다. 여러 사람의 이야기로만 들었던, 그래서 글쓴이가 당시 상황을 상상하며 글로만 표현할 수밖에 없던 것들이 생생한 증거로 제시되고 있었다. 1962년 11월13일 일자 전북신문에는 전라북도가 제44회 전국체전 개최를 위해 경기장 건립추진위원회를 조직할 예정이라는 기사에서 시작해, 건립비에 3,100만 원이 부족해 전주 시민의 성금으로 전주종합경기장이 지어지게 되었다는 것, 그리고 종합경기장 마련에 인생원 분뇨수거생들이 일금 500원을 기탁했다고 자랑스러워하는 기사까지 읽을 수

---

13   글쓴이가 '온누리 한글들녘'이라고 이름 지은 천년 전주 한글공원의 공간적 구성이 어떤지, 그리고 왜 그런 시설과 배치가 이뤄졌는지는 글쓴이의 지적 재산권에 속한 부분이라 생각되어 그냥 내놓고 싶지 않다. 다만 몇 가지 원칙을 나눈다면 첫째, 도시공간적 맥락에서 도심 열섬 예방을 위해 자연의 바람길을 열어주는 건축배치의 원리를 도입했으며, 둘째, 도시환경적 맥락에서 저지대의 침수해 피해를 예방하며 과거 궁성 주변으로 물이 둘렀던 것을 떠올려 온누리 한글들녘 주변으로 해자를 만들어 홍수기에는 수량조절 기능을 그리고 갈수기에는 생태학습, 레크리에이션 등의 활동공간으로 창출했으며, 셋째, 도시구성원의 맥락에서 배후 연담 지역에는 천년 전주의 창조적 직업, 문화활동이 청년들을 통해 이뤄지도록 Gentrification의 부정적 효과가 예방된 창의거리(Creative Mall)로 배치했다.

있었다. 짜장면 한 그릇에 25원 하던 시절 전주 시민이라면 남녀노소 너나

할 것 없이 전주 형무소 수용자들조차도 다 함께 똘똘 뭉쳐 돈을 모았다고

기사는 전하고 있었다. 총 건립비 8,100만 원의 40%에 육박하는 금액이

시민의 성금이었다.

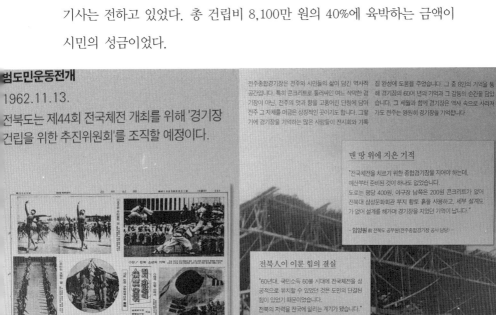

범도민운동전개

1962.11.13.
전북도는 제44회 전국체전 개최를 위해 '경기장
건립을 위한 추진위원회'를 조직할 예정이다.

전주종합경기장은 전주와 시민들의 삶이 담긴 역사적
공간입니다. 특히 콘크리트로 둘러싸인 여느 삭막한 경
기장이 아닌, 전주의 멋과 향을 고풍어린 단청에 담아
전주 그 자체를 머금은 상징적인 곳이기도 합니다. 그렇
기에 경기장을 기억하는 많은 사람들이 전시회와 기록

집 완성에 도움을 주었습니다. 그 중 8인의 기억을 통
해 경기장의 60여 년의 기억과 그 감동의 순간을 담았
습니다. 그 세월과 함께 경기장은 역사 속으로 사라지
기도 전주는 영원히 경기장을 기억합니다.

맨 땅 위에 지은 기적

"전국체전을 치르기 위한 종합경기장을 지어야 하는데,
예산부터 준비된 것이 하나도 없었습니다.
도로는 평당 400원, 야구장 남쪽은 200불 콘크리트가 없어
전북대 삼성문화회관 부지 황토 흙을 사용하고, 세부 설계도
가 없어 설계를 해가며 경기장을 지었던 기억이 납니다."

- 임양원 前 전북도 공무원(전주종합경기장 공사 담당) -

전북人이 이룬 힘의 결실

"60년대, 국민소득 60불 시대에 전국체전을 성
공적으로 유치할 수 있었던 것은 도민의 단결된
힘이 있었기 때문이었습니다.
전북의 저력을 전국에 알리는 계기가 됐습니다."

- 이치백 전북향토문화연구회 회장 -

짜장면 한 그릇에 25원 하던 시절

"완산 다리 뱀탕장수도, 전주 형무소 수용자들도
전주 시민이라면 남녀노소 너나할 것 없이
똘똘 뭉쳐 돈을 모았습니다."

- 이인철 사단법인 전북세육발전연구원 원장 -

사진모음 _ 1983.5.21.
경기장과 함께한 체육대회

제44회 전국체전 개최지가 전주로 확정되면서 경기장
설립의 필요성이 제기됐다. 건립비로 총 8100만원이
책정됐으나, 국비(3000만원)와 도·시·군비(2000만
원)를 제외한 3100만원이 부족해 사업 추진에 어려움
이 생겼다. 이 때 '마련하자 체육전당, 앞서보자 우리전
북'이란 표어가 걸리고, 전주 시민들의 성금이 모였다.

그리고 그 해 1963년 9월25일 전북 최초의 종합경기
장, 전주종합경기장이 완공됐다. 전국체전이 열리면서
선수 6000여 명 등 약 1만4000여 명이 전주로 모여 들
었다. 숙박시설이 부족해 대회 운영에 차질이 빚어지자,
전주 시민들은 저마다 자신들의 집을 민박으로 내어주
었고, 그 감동 실화는 매스컴을 타고 전 국민을 울렸다.

종합경기장 마련에
일금5백원정 기탁 _ 1962.12.26.
인생원 분뇨수거생 일동이
분뇨수거를 해가며 모은 돈을
공설운동장 건설기금으로 기탁

이 사진전시를 보면서 과거와 현재를 정확히 살피려는 자세가 계획가에게 무슨 의미가 있는지 되새겨보게 된다. 진정으로 도시계획가가 도시민들에게 도시공간의 정체성을 찾아주고, 그에 적합한 계획을 수립하려 한다면 이러한 자세는 결코 가볍게 넘어갈 수 없는 필수불가결한 요소라고 본다. 이제 이 단락의 제목을 다시 상기하면서 글을 맺고 다음으로 넘어가고자 한다. 단락의 제목은 '과거와 현재를 자세히 돌아보고 접목하는 관찰자'라는 것이었다. 예시를 통해 제기된 네 가지의 사항 중에 위의 논조와 제목에 가장 부합하는 사고는 어떤 것인지 스스로 생각해볼 필요가 있다. 그 과정에서 역사성을 가볍게 대할 때 어떤 오류에 빠지는지 깊이 성찰해보아야 한다. 셋째의 제안이 정답이라고 주장하는 것이 아님도 알아야 할 것이다. 셋째 제안을 가지고도 논의의 장을 펼치면서 함께 고민해볼 만한 사항을 찾아내는 능력을 키워야 한다. 왜냐하면 이 글에 나타낸 사항 이외에도 논의가 이뤄져야 할 것이 꽤 많이 남아 있기 때문이다. 이러한 논의와 숙의의 과정을 거칠 때 비로소 정체성 있는 도시를 계획할 줄 아는 정체성 있는 도시계획가의 첫걸음을 떼어놓을 수 있을 것이다.

1.4.2 미래를 탐험하는 미래설계사

대부분의 학자가 미래를 탐구하는 데 집중하고 있다고 해도 과언이 아닐 것이다. 즉, 우리를 포함한 앞으로 태어날 우리의 자녀들이 살아갈 세상과 그 속에서의 삶을 개척하고 있다. 도시계획가도 예외는 아니다. 아니 도시계획가야말로 이미 태생 그 자체부터 가장 선봉에 서서 미래를 탐험하는 미래개척가요 미래설계사였다. 사람들이 살기에 바람직한 공간을 창출해내려는 계획과 설계는 미지의 미래를 현재에 가져다놓으려는 탐험정신과 맥을 같이 하였다. 이러한 탐험정신은 유토피아를 향해 전진하는 행위였다. 문제는 수많은 계획가들이 그려냈던 유토피아가 모두가 바라거나 갈망했던 그 유토피아와 달랐다는 점이다. 단적인 예를 스위스 태생 프랑스인 르 코르뷔지에Le Corbesie(1887~1965)의 '300만을 위한 도시Ville Contemporaine(1922)'에서 발견할 수 있다. 그는 저서《빛나는 도시La Ville radieuse》(1935)에서 십자모양의 60층짜리 초고층 건물의 집합주택을 배치한 계획을 통해 평면상에서 비좁고 불결한 환경에 살던 사람들에게 빛이 들어오는 입체적 형태의 규격화된 주거를 제공하며, 녹지는 건축물의 뒤편으로 넓게 펼쳐놓아 누구나 이용할 수 있고, 개인 교통수단으로 자동차 이용을 적극적으로 권장하는 이상도시를 제시했다. 1900년대 초에 이런 생각을 했으니 그 이상이 얼마나 놀라운 것이었을까? 그러나 1900년대 중반부터 콘크리트로 뒤덮인 거대한 주거건축물의 도시는 이미 혐오스러운 흉물로 간주되었으며, 이것이 모두에게 인정받는 이상도시의 모습도 아니었다. 또 다른 예를 칼 힐버자이머Karl Hilberseimer(1885~1967)에게서 발견할 수 있다. 그의 저서《대도시의 건축Building of large cities》(1925)에 나타난 고층도시 계획안은 주거와 일터상업업무를 근접 배치하는 개념이었다. 이를 통해 될 수 있는 대로 이동량을 줄이고, 이동동선을 짧게 하여 자동차의 이용에 따른 교통문제를 해소하려는 개념을 보여주었다. 그러나 도시에서 자연이 사라지고 아스팔트와 콘크리트만 남은 풍경의 도시는 1944년 폴 테오발드Paul Theobald와 함께 출간한 저서《새로운 도시: 계획의 원리The new City: Principles of Planning》에서 자성의 목소리를 높여야 했으며, 1963년 출간된《계획아이디어의 펼침Entfaltung einer Planungsidee》이라는 책에서 또다시 자체비판을 통하여 자연과 조화가 이뤄진 '주구단위'의 개념도입을 역설하게 된다. 이상에서 우리는 계획가 자신의 이상이 항상 다른 사람들이 원하는 그런 미래상을 보여주지 않고 있음을 발견하게 된다. 오히려 잘못된 구상이 실체화되었을 때 이러한 실체적 시설물은 평생 걷어낼 수 없는 짐으로 남는다. 특정 계획가의 이기적 신념과 가치관으로 추구되는 이상사회는 결국 '자신들의 이념 만족을 위한 천국'의 논리가 될 수밖에 없다. 누군가를 위한 유토피아utopia는 누군가가 짊어질 디스토피아dystopia가 될 수 있기 때문이다. 마치 폐기된 원자력발전소나 발전시설이 처치 곤란한 흉물로 남아 있듯이 말이다. 이러한 오류를 어떻게 바로잡을 수 있을까? 현대의 도시계획가는 이러한 오류를 바로잡기 위해 어떤 방식의 미래 탐험을 시도하고 있을까?

오늘날 가장 보편적으로 활용되는 미래 탐험의 방식은 계량분석과 같은 과학적 방법론이다. 앞서 두 계획가가 보여주었던 미래예측은 시대의 문제점을 직시하면서 전문가의 경험과 직관에 근거해 제시된 대안이었다. 그러나 이렇게 제시된 대안은 비판적으로 말해 정확하게 시대변화와 요구를 읽어내지 못해 발생한 결과라고 볼 수 있으며, 또 다른 면에서 당시의 기술력 수준으로는 정교한 예측방법론을 활용할 수 없었기에 빚어진 결과라고도 볼 수 있다. 물론 더 신랄하게 다양한 이해관계자의 견해를 반영하지 못한 극소수 전문가의 독단에 따른 오판이었다고 지적할 수도 있다. 하지만 어쨌건 간에 미래의 예측을 위해 제공되고 있는 통계분석과 같은 추상적 모형[14]을 활용할 수 있었더라면 좀 더 냉철하고

---

[14] 통계분석의 추상적 모형에는 어떤 시스템 내에서 일어나는 현상의 인과관계나 추세를

도 정확한 계획규모를 산출할 수 있었을 것이며, 그에 맞춘 좀 더 바람직한 계획 모습을 설계로 표현해낼 수 있었을 것이다.

이제 이러한 계획적 방법론을 통해 우리는 미래가 어떻게 '다가올지' 수동적 입장에서 탐구하던 자세를 넘어서, 미래가 어떻게 '다가와야 할'지를 능동적으로 조절해가는 능력을 갖춘 계획가가 될 수 있다. 단순히 주관적 주장만 앞세우던 계획가에서 정확한 분석과 검증이 밑받침된 주장을 내세울 줄 아는 계획가가 될 수 있다. 하나의 도시를 계획하고 개발하면서, 하나, 그 도시에는 어느 정도의 인구가 살아야 적절한 것인지, 둘, 이러한 규모의 인구를 위해 필요한 시설은 어떤 것이 있으며, 셋, 어떤 속도감으로 인구가 성장해야 적정한지, 넷, 최종적으로 어느 정도의 규모가 적당한지 그리고 다섯, 이를 실행에 옮길 때 필요한 재원은 얼마나 되는지를 단계별로 그리고 총체적으로 예측할 수 있다. 또한 토지이용과 시설의 배치를 조절하여서 더욱 쾌적한 도시를 창출해낼 수도 있다. 이외에도 환경문제, 교통문제 등 다양한 사회현상을 예측하고, 제어하며 통제할 수 있다. 지금까지 제대로 된 생각을 던져보지 못했던 '개펄의 생명 가치'나 '여성의 가사노동 가치' 등을 화폐 가치로 분석하고 평가해낼 수 있었던 조건부 가치측정법CVM : Contingent Value Method의 활용

파악할 수 있는 회귀모형(regression model), 인간의 선택행태(choice behavior)를 분석하는 확률선택모형(probabilistic choice model), 도시경제분석을 위한 경제기반모형(economic base model), 변화–할당모형(shift-share model), 투입–산출모형(input-output model) 등이 있으며, 장래 인구변화를 예측하기 위한 모형으로 직선모형(linear model or straight-line model), 지수성장모형(exponential growth model), 로지스틱모형(logistic model), 집단생잔모형(cohort-survival model) 등이 있다. 이런 예측방법론은 《도시모형론》(윤대식 저, 홍문사, 2011)에 자세히 기술되어 있다.

이나 셰랑적 분석이 불가능해 보이기만 하던 인간의 행동 결정을 설문과 인터뷰 등의 방법을 분석해낸 델파이 기법Delphi Method 등은 정말 매력적인 과학적 분석행위였다. 이러한 점에서 계획기법의 활용은 미래를 탐험할 뿐만이 아니라 미래를 개척해나간다는 점에서 도시계획가가 갖추어야 할 필수수단이다. 그렇기에 글쓴이가 2011년 "계획이론의 추구자로서 공간계획가의 역할과 자화상"이란 제목의 논문에서 던졌던 화두는 시사하는 바가 크다.

계획이란 꼭 가치중립적 입장에서 과학적 검증을 거치고 종합적 판단을 내리며 장기적 가치를 추구하여야 하는가? 다소 딱딱해 보이면서도 도발적 의도가 가미된 글머리의 질문이다. 이는 공간계획에 대한 학문적 정체성을 찾아가기 위해 던져놓은 반어법적 질문으로 다음에 열거하는 네 가지의 전제적 명제에 대한 자기성찰이기도 하다. 첫째, 가치중립적이지 못할 때 특정 계층만을 옹호하는 편향된 계획이 이루어져 소외계층에 대한 무관심이 심각하게 발생할 수 있다. 둘째, 과학적이지 못한 감성적 접근은 눈에 드러나는 현상에만 얽매여 근본적 대처방안을 내놓을 수 없으며 신뢰성을 상실할 수 있다. 셋째, 공간계획이 특정분야에 국한된 처방만을 내리게 된다면 연쇄적 사건 속에 얽혀 있는 도시와 사회의 현상을 맥락 속에서 정확히 짚어낼 수 없다. 그리고 마지막으로 장기적 가치를 추구하지 못한다면 근시안적 현상만을 취급하는 미봉책을 양산해낼 수밖에 없다. 이러한 점에서 공간계획은 가치중립적일 필요가 있고, 과학적 검증을 거칠 필요가 있으며, 장기적 관점에서 종합적 판단이 이루어질 수 있어야 한다.이

문규 · 황지욱, 한국지역개발학회지, 2011, p.38.

물론 공간계획가가 이러한 가치중립성, 과학적 검증 그리고 장기적 가치추구라는 틀에만 머물러 있을 수 없음도 인지해야 한다. 그 이유는 과학적 검증 하나만 놓고 보더라도 특정 과학기술이 어느 시점에서는 대단한 것처럼 보이지만 새로운 시대에 혁신적으로 변화된 과학기술 앞에서는 반드시 폐기처분되어야 할 최악의 것으로 판정되기도 하기 때문이다.[15] 이러한 점에서 모든 도시계획적 행위를 과학기술 만능주의적 사고

---

[15] 과학적 방법론을 놓고 학술논문의 심사과정에서 벌어지는 문제를 지적한 글을 소개한다. 명지대학교 김준형 교수가 20017년 여름 페이스북에 올린 글인데, 공감하는 바가 크다. 과학적 방법론을 대하는 과학적 방법론자들 사이의 갈등과 고민, 그리고 새로운 과학적 방법의 등장 앞에서, 기존의 일상적이고 과학적인 평가방식을 돌아보게 만드는 비판과 지적이 담겨 있다.

　"도시계획이나 부동산학에서 보통의 논문 구조는 A와 B의 관계에 관한 연구, A가 B에 미친 영향에 관한 연구 등 주로 두 개념 사이의 관계에 초점을 맞춘다. 이 관계에 대한 연구의 필요성을 충분히 서술한 뒤, 데이터를 수집하여 이 관계를 나타내는 가설을 통계모형으로 증명하는 구조이다. 그런데 이와 같은 연구구조가 너무 정형화/표준화된 나머지, 이 구조를 갖추지 않으면 논문으로서 요건을 갖추지 못한 것으로 평가되는 일이 많다. 논문은 반드시 A와 B의 관계가 아니라 A 그 자체의 실체나 개념을 다방면으로 접근하는 형태를 지닐 수도 있다. A에 대해 알려진 바가 없다면, 그리고 A를 파악하기 위한 학술적, 구조적 접근이 부재했다면 이와 같은 연구도 논문을 통해 출간됨으로써, 사회에 유용한 지식을 제공하여야 한다. 논문이 학술적 요건을 갖는 것은 그것이 '논리적 구조'를 충분히 갖추고 있기 때문이고, 기존에 알려지지 않은 새로운 것을 발견하기 때문이지, 그것이 관계에 대한 가설을 검증하는 형태로 짜여 있기 때문은 아니다. 게다가 관계에 대한 가설의 검증에만 치중할 경우 두 가지 치명적인 함정에 빠지기 쉽다. 첫째, 관계를 살피는 계량모형의 수준 제고에 과도한 노력을 들인다. 대개 관계에 대한 논문은 기존에 이미 이루어진 탓에 기존 연구와의 차별성은 더욱 엄격한 계량모형을 사용함으로써 찾으려는 경우가 많은 것이다. 둘째, 관계를 살피는 연구들은 자칫 그 관계의 통계적 유의성 검증에만 머무른 채, 그 통계적 유의성이 학술적으로나 정책적으로 시사하는 바를 적극적으로 서술하지 않는다. 도시계획, 부동산 분야 학회지에서는 결론 장(章)이 모형추정의 결과 요약과 연구의 한계 등으로만 구성된 채 2~3단락으로 끝내버리는 논문들을 쉽게 찾을 수 있다.

　정형화된 방법론을 통해 관계에 대한 지식은 많이 축적되고 있다. 그러나 관계 이전에 개별 개념의 특성이나 심도, 측정 방식 등 개별 개념 그 자체에 초점을 맞춘 연구는 상대적으로 드물다. 우리 분야에서 필요할 때 사용할 만한 기초통계가 얼마나 부재한지 논문을 써본 사람들은 대부분 공감할 것이다(예를 들어 주택시장에서 매물이 나왔을 때 그것이 거래되기까지 평균 소요되는 기간이 얼마인지 우리는 알고 있지 않다). 그러나 이러한 연구는 논문구조에 대한 정형화된 인식에 따라서 학회지 심사과정을 버티지 못한다. 주로 '실태조사' 내지 '연구보고서'에 가깝다는 심사평 앞에서 무릎을 꿇는다. 과연 그러한 논문들을 폄하할 정도로 우리 사회가 다양한 '실태조사'와 '연구보고서'를 갖고 있는가? 사회에서 전혀 알려지지 않은 기초통계를 개별 연구자가 각고의 노력을 통해 산출하였는데도, 단지 이것이 관계에

로 재단하는 것은 상당히 우려스러운 일이라고 볼 수 있다. 과학기술이 완벽했다면 현재 우리는 과거의 기술을 바탕으로 완전무결한 사회에 살고 있어야 하기 때문이다. 무엇보다 도시계획에 대한 창조적 가치의 투영, 도시경관에 대한 미학적 접근 그리고 지역 고유성의 반영과 같은 분야는 기계적 틀처럼 잘 짜인 계획기법에 가두어 해석할 수 없기 때문에 이러한 시도에 국한해서 본다면 창조적 영역으로써의 도시계획은 존립 자체를 위협받기까지 할 것이다. 나아가 현대의 공간계획이 소수의 계획가나 연구자에 의한 전유물이 아니며, 또 일반인은 전혀 접근할 수 없는 특정 전문가가 짜놓은 블랙박스나 미로를 거쳐 '짠~' 하고 튀어나온 결과물이 아닌, 다양한 계층의 사람들이 어울려 살아가며 참여하고 그들의 견해가 반영되어 창출된 결과물이어야 한다는 사실을 직시할 때 어느 하나의 기술만능주의적 원칙만을 고집할 수도 없다. 공간계획가가 추구하는 하나의 지향점이 객관적 판단과 장기적 가치를 반영하는 계획의 수립에 놓여 있다면, 또 하나의 다른 지향점은 다양한 계획주체의 창조적 가치를 반영하고 심미적 예술성을 투영시키는 감성적 사고의 결과물을 만들어내는 참여에 놓여 있기도 하기 때문이다. 따라서 과학적 계획기법을 전문가가 미래를 만들어 가는데 최적의 만능열쇠처럼 내세우면서 일

대한 가설 검정을 포함하고 있지 않다는 이유로 묻을 것인가? 내가 보기에 아직 우리 쪽 분야의 지식은 베타값이나 p-value를 논의하는 게 너무 성급할 만큼 개별 변수에 대한 이해가 부족한 경우가 셀 수 없이 많다.

오로지 "우리가 알고 있지 못하는 지식을 논리적으로 새롭게 접근하는가?"라는 질문 아래 보다 학술적으로 자유로워질 필요가 있다. 엄정한 학술적 노력을 통해 사회에서 알려지지 않은 중요한 것이 밝혀졌다면 비록 자기에게 익숙한 형식이 아니더라도 열렬한 지원자가 되어야 한다. 그게 우리의 연구가 세상과 보다 직접 소통하고 세상에 더욱 풍부하게 기여하도록 만들 것이다.

반인들에게 무조건 따르게 만드는 것은 피해야 한다. 과거에 이를 '사실 왜곡의 수단'이나 '독단의 수단'으로 써온 시절이 있었기에, 그리고 그에 따른 병폐가 곳곳에서 발생하여 왔다는 점[16]을 상기하면서, 도시계획가는 과학기술을 능수능란하게 다루기에 앞서 상식적이고 올바른 판단능력을 갖추는 데 큰 힘을 쏟아야 할 것이다.

1.4.3 다양한 학문분야와 만나고, 다양한 분야를 아우르는 융·복합형 연구자

앞서 지적하였듯이 도시계획가의 독단적 결정은 ― 그가 아무리 전문가라 할지라도 ― 함께 사는 사람들로부터 공감을 얻지 못할 때 '바람'직한 미래가 아닌 '버림'직한 미래로 전락할 수도 있음을 보았다. 과거처럼 소수의 특정인이 수많은 것을 결정짓고 다수의 일반인은 그저 따르기만 하는 사회구조는 더 이상 존재할 수 없음도 알게 되었다. 정보라는 것을 특정인이 독점할 수 없다는 것도 알게 되었다. 현대사회는 지속적으로 닫힌구조에서 열린구조로 변화되고 있으며, 그렇기 때문에 모두가 함께 많은 지식을 공유할 수 있으며, 결국 이 지식의 공유 속에서 나만이 독

---

16 비용·편익분석(Cost-Benefit Analysis)에서 숫자 하나만 바꾸면 편익(B값)이 비용(C값)을 능가하는 일, 수치가 1을 기준으로 1보다 크냐 아니면 작냐에 따라 편익이 크냐 비용이 크냐 나타난다. 다만, 대부분의 경우 결괏값이 소수점 아래로 나타나기 때문에 일반인은 그 의미를 쉽게 간파하지 못하는데, 실상은 엄청난 피해로 나타날 수 있다. 파국으로 치닫던 A시의 경전철 건설에 대한 비용편익분석 결과는 편익이 크다고 보고되어, 그 결과를 가지고 사업을 추진했지만, 실제는 감당할 수 없는 규모의 비용이 발생해 막대한 세금을 지출해야 하는 상황에 직면했었다. 또 다른 면에서 "아들딸 구별 말고 둘만 낳아 잘 기르자"라고 하면서 당시의 전문가들이 들이댔던 인구폭발과 식량 고갈 위기의 통계자료나 금강산 댐 건설이 서울을 물바다로 만들어 모든 서울시민을 수장시킬 수 있다고 위기감을 조장했던 기술관료들(Technocrats)의 통계자료 부풀리기 등은 전문기술을 악용한 단적인 예라고 볼 수 있다.

점적 전문가로 머무를 수 없는 공유 사회로 나아가고 있다. 수직적 위계 사회가 수평적 사회로 변하고 있는 것이다. 이것은 오늘날 이뤄지고 있는 계획기법에도 그대로 반영되고 있다. 21세기 도시계획기법의 대표적 화두로 던져지고 있는 '스마트 성장Smart Growth'의 개념을 살펴보자. 스마트 성장이란 압축적이고 복합적인 토지이용이 이뤄지면서 걷고 싶은 보행환경이 갖추어진 도시 중심부 ─그것이 도심이든 부도심이든─ 에 성장과 개발을 집중시키는 계획기법으로, 과거에 도시 외곽의 녹지를 무분별하게 훼손시키면서 벌여왔던 도시확산적 외곽개발을 반성하고, 외곽개발로 말미암아 도심까지 상대적으로 장거리 이동해야 함에 따른 에너지의 과소비와 대기오염의 확산을 최소화시키는 개발기법이다. 이러한 도시개발 개념을 만들어낸 계획가는 특정 일인이 아니었다. '뉴 가드 New Guard'[17]라고 할 수 있는 일단의 무리로서 도시계획가, 건축가, 개발업 자developer, 시민사회활동가, 고고학자, 문화학자 그리고 환경·생태학자들에 이르기까지 다양한 이해관계자들이 함께 참여하였다. 이것만 보더라도 20세기 중엽까지의 계획방식과 21세기의 계획방식이 어떻게 바뀌고 있는지, 누가 어떻게 참여를 확대해가고 있는지, 또 토지이용상에서 어떠한 변화가 일어나고 있는지를 깊이 인식할 수 있게 된다. 이들이 함께 구상하고 만들어낸 원칙을 미국 환경청EPA : United States Environmental Protection Agency은 홈페이지의 한 면에 '스마트 성장 전략으로써 10가지 원칙'이라는 형태로 제시하고 있다. https://www.epa.gov/smartgrowth/about-smart-growth

---

17 미국에서 '뉴 가드(New Guard)'라고 함은 정계에 새로 두각을 나타내거나 개혁하려는 사람들의 그룹을 지칭한다. 여기서는 도시계획 등과 같은 우리의 삶과 관련하여 적극적으로 의견을 표명하고 참여하며, 영향을 미치는 오피니언 리더 즈음으로 이해해도 좋을 듯하다.

특히 열 번째로 제시하고 있는 원칙은 물리적으로 실체가 있는 외형의 시설에 대한 원칙이 아니라 행동규범에 해당하는 것인데, 바로 이것이 어떻게 보면 스마트 성장 원칙의 꽃이라고 볼 수 있다. 꽃이라고 하는 또 다른 이유는 바로 시설이나 사물이 계획의 중심에 놓인 것이 아니라 사람이 계획의 중심으로 등장하는 데 놓여 있다.

1. 복합적 토지이용계획을 취하라Mix land uses
2. 압축적 건축설계의 장점을 활용하라Take advantage of compact building design
3. 다양한 형태의 주거 기회와 선택권을 창출하라Create a range of housing opportunities and choices
4. 보행 가능한 이웃관계를 창출하라Create walkable neighborhoods
5. 강력한 장소성을 지닌 독창적이고 매력적인 공동체를 육성하라 Foster distinctive, attractive communities with a strong sense of place
6. 오픈 스페이스, 농업토지 자연의 미 그리고 진정성 있는 환경적 공간을 보전하라Preserve open space, farmland, natural beauty, and critical environmental areas
7. 현존하는 공동체를 지속해서 개발하며 강화하라Strengthen and direct development towards existing communities
8. 교통수단 선택의 다양성을 부여하라Provide a variety of transportation choices
9. 개발계획에 대한 결정이 예측가능하고, 공평하며, 비용 효율적으로 되도록 하라Make development decisions predictable, fair, and cost effective
10. 개발에 대한 결정 과정에 공동체와 이해관계자의 협의가 강화되도록 격려하라Encourage community and stakeholder collaboration in development decisions

놀라운 것은 이러한 스마트 성장의 원리가 잘 반영된 도시개발의 개념이 이미 1973년 두 명의 '수학자'인 조지 댄직George Dantzig(1914~2005)과

토마스 사티Thomas L. Saaty에 의해 수창되었던 '콤팩트 시티Compact City'에서
도 나타난다.[18] 이 두 사람은 도시계획가도 아니었다. 유토피아적 비전
을 갖고 효율적 자원활용이 일어나는 도시를 꿈꾸었던 사람들로, 도시
사회학자인 제인 제이콥스Jane Jacobs(1916~2006)와 그녀의 책《미국 대도시
의 죽음과 삶The Death and Life of Great American Cities》(1961)에 커다란 영향
을 받았다. 스마트 성장의 원리에서 보듯 콤팩트 시티의 원리도 복합용
도의 토지이용, 소규모 보행에 적합한 주거 블록들, 건축물 건설연도와
형태의 혼합 그리고 충분히 밀집된 거주민의 집중mixed uses, small walkable
blocks, mingling of building ages and types, and a sufficiently dense concentration of people을 핵심
원칙으로 강조하고 있다. 이러한 알고리즘을 찾아내려는 수학자들의 연
구 활동이 도시계획과 맞닿으면서 학문 간의 융·복합적 연구가, 그리고
학문적 진보가 이뤄진 것이다. 오늘날 빈번하게 사용되는 '도시재생Urban
Regeneration'이란 개념만 보아도 이것이 단순히 도시계획 분야에서 생성된
개념이 아니며 다른 학문의 영역으로부터 차용되어 온 용어임을 인식할
때 학제 간 또는 학자들 간의 융·복합적 활동은 더 나은 미래를 위해
적극적으로 권장되어야 할 일임을 인식할 수 있다.

　스마트 성장과 콤팩트 도시의 개념을 소개한 김에 이와 비슷한 맥락을
보이는 뉴어버니즘New Urbanism을 소개하는 것도 의미가 있을 듯하다. 뉴어
버니즘은 1980년대 초반 미국에서 제기된 계획사조이다. 어떻게 하면 거
주민들이 친환경적 습관과 공동체 의식을 증진시키는 주거단지를 설계

18　　콤팩트 시티 개념은 이 두 사람이 쓴 책《Compact City: Plan for a Livable Urban Environment》
　　　　(W.H. Freeman & Co Ltd, 1973)에 잘 나타나 있다.

할 수 있을까에 초점을 맞춘 도시설계 운동Urban Design Movement이라 할 수 있다. 다음은 뉴어버니즘 의회의 창시자이며 건축가, 도시계획가인 앤드리 듀어니Andrés Duany(1949~)와 엘리자베스 플레터 - 시벅Elizabeth Plater-Zyberk (1950~)이 동료들과 함께 미국 코네티컷주 뉴 헤이븐New Haven의 빅토리안 마을을 관찰하며 제시한 13가지 원칙이다.

1. 마을에는 이웃 주민 누구나가 잘 인식할 수 있는 중심부가 있습니다. 이것은 종종 정사각형이나 녹색을 띠기도 하며 때때로 번화하면서 기억에 남는 거리의 모퉁이에 해당하기도 합니다. 대중교통의 정류장이 바로 이 중심부에 위치하게 됩니다.

2. 대부분의 주거지는 중심부에서 도보로 5분 이내의 거리에 있으며, 이는 평균적으로 대략 $\frac{1}{4}$ 마일 또는 1,320피트0.4km의 거리라고 할 수 있습니다.

3. 주거에는 다양한 유형으로, 일반적인 단독주택, 가로를 따라 늘어선 다가구 주택 그리고 공동주택 등이 있습니다. - 이러한 주거 속에서 젊은 세대와 노년층 세대, 1인 가구 세대와 가족 형태의 세대 그리고 가난한 사람들과 부유한 사람들이 어울려 살 수 있는 장소가 창출될 수 있습니다.

4. 이웃의 가장자리에는 한 주간의 생활에 필요한 생필품을 충분히 제공할 수 있는 다양한 유형의 상점과 사무실이 있습니다.

5. 작은 부대 건물 또는 차고 아파트는 각 주택의 뒷마당 쪽으로 허용됩니다. 이러한 건축시설은 임대용 시설 또는 작업장예 : 사무실 또는 공예품 작업실 등으로 사용될 수 있습니다.

6. 초등학교는 대부분의 아이가 집에서 걸어갈 수 있을 만큼 아주 가

까운데 있습니다.

7. 작은 놀이터들은 모든 거주지에 잘 연계되어 있습니다. - 0.1 마일도 떨어져 있지 않은 거리에 말입니다.

8. 마을의 안쪽에 위치한 거리는 네트워크를 형성하여 살 연결되어 있어, 목적지가 어디든 간에 보행자와 차량이용자에게 다양한 경로를 제공하여 교통을 분산시킵니다.

9. 그 거리는 상대적으로 좁으며 가로수에 의해 그늘이 드리워집니다. 이렇게 함으로써 교통의 통행속도를 늦추며, 보행자와 자전거 이용자에게 적합한 환경을 창출해줄 수 있습니다.

10. 마을 중심에 위치한 건물들은 이러한 거리와 가깝게 위치하고 있으며, 명확한 경계를 갖추며, 독특한 시각적 특색을 나타내는 옥외공간의 모습을 창출하고 있습니다.

11. 주차장과 차고의 문은 거리의 전면으로 위치하지 않습니다. 주차는 일반적으로 뒷골목을 통해 접근하는 건물의 뒤쪽으로 이관되어 있습니다.

12. 거리의 풍경이 종료되거나 마을의 중심부에 있는 일단의 중요한 부지는 시민의 공공활동을 위한 건축물들을 위해 확보되어 있습니다. 이들은 지역사회의 모임, 교육, 종교 또는 문화 활동을 위한 장소로 제공됩니다.

13. 마을은 주민자치 형태로 조직되어 있습니다. 정식으로 조직된 협의체는 유지, 보수, 보안 및 물리적 변경 사항에 관해 토론하고 결정합니다. 과세와 관련된 사항은 더 큰 공동체의 책임사항에 해당합니다.

1. The neighborhood has a discernible center. This is often a square or a green and sometimes a busy or memorable street

corner. A transit stop would be located at this center.

2. Most of the dwellings are within a five-minute walk of the center, an average of roughly $\frac{1}{4}$ mile or 1,320 feet.^{0.4 km}

3. There are a variety of dwelling types—usually houses, rowhouses, and apartments—so that younger and older people, singles and families, the poor and the wealthy may find places to live.

4. At the edge of the neighborhood, there are shops and offices of sufficiently varied types to supply the weekly needs of a household.

5. A small ancillary building or garage apartment is permitted within the backyard of each house. It may be used as a rental unit or place to work^{for example, an office or craft workshop}.

6. An elementary school is close enough so that most children can walk from their home.

7. There are small playgrounds accessible to every dwelling—not more than a tenth of a mile away.

8. Streets within the neighborhood form a connected network, which disperses traffic by providing a variety of pedestrian and vehicular routes to any destination.

9. The streets are relatively narrow and shaded by rows of trees. This slows traffic, creating an environment suitable for pedestrians and bicycles.

10. Buildings in the neighborhood center are placed close to the street, creating a well-defined outdoor room.

11. Parking lots and garage doors rarely front the street. Parking is relegated to the rear of buildings, usually accessed by alleys.

12. Certain prominent sites at the termination of street vistas or in the neighborhood center are reserved for civic buildings. These provide sites for community meetings, education, and religious or cultural activities.

13. The neighborhood is organized to be self-governing. A formal association debates and decides matters of maintenance, security, and physical change. Taxation is the responsibility of the larger community.

출처: https://en.wikipedia.org/wiki/New_Urbanism

이렇게 보면 뉴어버니즘은 앞선 두 개념과 상당히 밀접한 유사성을 띠고 있는 것 같다. 하지만 뉴어버니즘을 앞선 두 개념의 연장선에서 이해한다면 큰 오산일 수도 있다. 그 이유는 앞선 두 개념이 도시확산을 억제하면서 도심토지를 복합용도, 적정한 고밀도와 규모로 개발하는 데 초점을 맞추고 있다면, 뉴어버니즘은 이것이 '도시확산이냐, 아니냐' 하는 것에 관심을 두기보다는, 단지 복합용도의 시설을 잘 갖추고 이런 거리 경관을 잘 보여주는 주거지를 관찰하면서 어떻게 하면 미국 사회에서 더 살기 좋고 쾌적한 주거지를 창출해낼 수 있을까에 초점을 맞추고 있는 것이다. 이러한 맥락에서 뉴어버니즘은 바람직한 주거지 모습으로 보행성이 강화되고, 대중교통의 활용이 강화되어 장소의 인지도sense of place, 즉 마을과 이웃에 대한 소속감을 높일 수 있는 설계가 구현된 공간으로 제시하고 있을 뿐이다. 몇몇 냉철한 시각을 가진 도시계획가들은 바로 이런 점에서 혹독한 비판을 가하기도 한다. 즉, 그들이 아무리 다양한 계층이 모여 사는 마을을 추구하고 바람직한 주거의 방향성을 도모하고 있다고 할지라도, 실상 이 정도 수준의 생활상은 결국 지극히 미국적 수준American Standard의 특정 계층만을 위한 주거단지에 해당하는 것이 아니냐는 것이다. 좀 더 까놓고 말한다면 부동산 개발업자들이 주거단지를 개발하고 난 뒤, 매력적으로 보이는 판매전략을 세워 홍보하는 논리와 무엇이 다르겠냐는 것이다. 무엇보다 혹독한 비판은 도시계획가가 단순히 겉으로 드러난 현상을 보고 다른 곳 혹은 과거보다 조금 나은 상황을 만드는 데 치중한 것이라면 여기에 굳이 뉴어버니즘이라는 신조어까지 가져다 붙일 필요가 있었겠느냐는 것이다. 그럼에도 불구하고 놓치지 말아야 할 것은 뉴어버니즘 자체가 갖는 주거지에 대한 기본원칙이다. 오늘날 우리 시대의 도시계획가가 수요자인 마을주민의 입장에서 그들이 추구하며, 그들에게 쾌적한 주거지를 창출해내기 위해 어떤 사고를 하고 있는지를 판단하기에는 적절한 개념이라고 판단된다.

1.4.4 근원을 살펴 합리적 판단을 내릴 수 있는 가치판단자

앞서 가치중립적 판단이 중요함을 역설하기도 하였다. 그러나 가치중립이란 그저 기계적으로 '가장 가운데 서 있는 것'을 말하는 것이 아니라는 사실을 모든 읽는 이가 인지하고 있을 것이다. 철학적으로도 중용中庸[19]이라는 말이 단순히 가운데를 뜻하는 것이 아니라, '한쪽으로 치우치거나 기대지 않고 지나침도 모자람도 없는 평상의 이치'라고 소개되듯이 가치중립이란 합리직으로 판단을 내려 가능한 한 그 누구도 부당한 불이익을 당하지 않게 하려는 자세일 것이다. 도시계획가가 이러한 합리적 판단을 내리려는 근본 이유는 무엇일까? 도시계획은 실제 공간에서 건설이라는 작업으로 이뤄지고 나면 쉽게 뜯어내거나 돌이킬 수가 없다. 돌이킨다는 것은 부숴버리고 다시 짓는다는 것인데, 절대권력을 기반으로 로마를 불 질러버렸다고 알려진 황제 네로Nerō Claudius Caesar Augustus Germanicus(A.D. 37~68)[20]가 아니라면, 그리고 19세기 조르주 외젠 오스망Georges Eugene Hausmann을 앞세워 중세의 미로형 파리를 근대의 파리로 개조Transformations de Paris sous le Second Empire한 나폴레옹 3세가 아니라면, 오늘날 이런 무모한 짓은 감히 아무도 할 수 없을 것이다. 그렇기에 도시계획가에게는 근원을 살피려는 자세가 절대적으로 갖추어져 있어야 한다. 앞서 히포크라테스를 끌어들이며, 겉으로 드러난 증상이 심각해 보인다고 항생제를 투여해대는 풋내기 처방이 아닌 심층진단을 통한 근거중심의학evidence based medicine적 처방이 이루어져야 한다고 말했던 것도 인간의 생명을 결코 가볍게 다루어서는 안 되는 의사처럼 도시계획가도 그런 자세로 도시를 대해야 하기 때문이었다. 한번 지어진 도시는 결코 쉽게 뜯

---

19   《중용(中庸, golden mean)》은 《논어》, 《맹자》, 《대학》과 함께 사서에 포함되는 유교 경전으로 공자의 손자인 자사가 썼다고 알려져 있다. 중용은 말 그대로 가운데를 지키는 것으로 볼 수 있으나, 중용의 중이 환중(圜中), 적중(的中), 표준(標準)으로 해석된다는 점에서 그 뜻을 단순히 가운데로 봐서는 안 됨을 알 수 있다. 서양철학에서는 대표적으로 아리스토텔레스(Aristoteles, B.C. 384~322)가 쓴 《니코마코스 윤리학》 6권 '용기와 절제(Courage and Temperance)'에 대한 자세에서 중용의 사상을 엿볼 수 있는데, 여기서도 중용은 단순히 가운데를 말하는 것이 아닌 중심을 꿰뚫는 것이다. 자세한 이해를 원한다면 《니코마코스 윤리학》(아리스토텔레스 저, 최명관 역, 을유문화사, 2006)을 참조하면 좋을 듯하다.

20   네로가 불을 질렀다는 주장에 반하여, 네로는 불이 났을 때 휴가 중이어서 화재 소식을 듣고 급히 돌아와 재난복구에 심혈을 기울였다는 기록도 존재하고 있다(https://en.wikipedia.org/wiki/Nero).

어고칠 수 없고 한번 실행에 옮겨진 계획은 쉽게 변경할 수 없다. 그 이유는 모든 계획은 기반시설을 설치하거나 시스템을 구축하기 위해 막대한 비용지불을 동반해왔기 때문이다. 또한 우리나라에 없던 다른 나라의 계획제도나 방식을 가져다가 쓰려고 할 때는 '거기서 잘 굴러갔으니까 우리나라에서도 잘 굴러가겠지?'라는 안일함이나 막연한 기대감으로 적용해서는 안 된다. 도시계획이 이뤄지는 도시공간은 작은 실험실에서의 실험대상이 아니기 때문이기도 하다. 이와 관련하여 글쓴이가 '스쿨존School Zone'을 고민하며 신문에 실었던 기고문[21] 하나를 소개하면서 논의를 이어가 보도록 하겠다. 물론 이 글도 완벽한 글은 아니다. 일방적 자기주장이 담겨 있을 수도 있다. 그러나 이 기고문에서 말하고자 하는 바가 무엇일지, 도시계획가라면 어떻게 계획을 수립해야 하는지를 생각하면서 읽어보자.

　　어린이는 미래의 꿈이라고 말한다. …… 어린이 보호의 가장 기초에 해당하는 스쿨존만 하더라도 1995년 우리나라에 제도가 도입된 이래 15년이 지났지만, 여전히 수많은 사건이 발생한다. 한 해에 스쿨존 1,000곳당 50여 건이 넘는 사고가 발생하고, 하루 평균 두 건의 교통사고가 발생한다면 이는 심각한 문제가 아닐 수 없다. 국무회의에서 스쿨존의 벌금을 상향하도록 가결하였다지만 과연 벌금의 상향만으로 충분한 것인지 심각한 의문이 든다. 이런 점에서 우리나라에

---

[21]　2011년 10월 지방일간지인 새전북신문에 "안전한 스쿨존, 어떻게 확보할 수 있는가?"라는 제목으로 실었던 기고문이다. 일방적인 자기주장의 표현도 나오고 있으나, 간략하고 명확하게 논지를 전달해야 하는 신문기고문의 특성상 자칫 장황하게 보일 주장의 배경과 이유 그리고 근거는 생략할 수밖에 없었다.

서 스쿨존 제도와 관련하여 무엇이 문제이고 더 필요한 것은 무엇인지 고민해보아야 할 것이다.

첫째, 우리나라에는 IT 강국이라는 말답게 첨단시설로 스쿨존을 알리고 차량의 속도를 제한하는 정보전달의 안내판이 도입되어 있다. 그러나 문제는 제대로 지키는 운전자가 없으니 이런 안내판은 있으나 마나 없으나 마나 한 시설이 되고 있다. 이렇게 된 이유는 스쿨존에서 과속에 대한 단속이 제대로 이루어지고 있지 않기 때문이다. IT기술만 의존할 것이 아니라 직접 단속이 이루어져야 함에도 단속 경찰 한 명 보이지 않는 것은 경찰의 무책임한 방임으로 비칠 수 있다.

둘째, 스쿨존 신호의 운영시간을 명확히 해야 한다. 무턱대고 24시간 30km/h를 지키도록 지정해놓은 것은 실효성에 의문을 들게 한다. 24시간 내내 30km/h를 지키라는 것은 과도할 수 있다. 또 24시간 경고등이 깜빡거린다면 경고의 의미는 사라지게 된다. 스쿨존 신호의 운영은 등하교 시간, 즉 학생들의 통행이 집중될 때에 초점을 맞추되 운영 시간대에는 엄격한 단속이 이루어져야 한다.

셋째, 스쿨존 주변에서는 등하교를 위해 운행되는 차량을 제외한 여타 차량의 주정차를 금지하여야 한다. 극단적으로 들릴 수도 있지만, 안전을 위해서 가장 필요한 방안이다. 이를 위해서 도시계획적으로 학교 주변에는 차량통행을 유발하는 시설이 들어서지 못하도록 규제를 마련하여야 한다. 일례로 전주시 ○○동의 모 초등학교 교문 옆에는 차량정비소가 있다. 이 때문에 대형차량 등이 즐비하게 주차되어 있다. 학교 연접부에 인도가 확보되어 있고, 담장이 쳐져 있다고 하더라도 차량보다 키가 작은 어린이들이 길을 건너거나 지날 때 차량에 가려 안전을 보장받기가 어렵다.

넷째, 등하교 시간이 되면 해당 학교의 책임을 지고 있는 교장 선생님과 교감 선생님이 제일 일찍 학교 앞에 나와 안전지도를 하는 등

안전을 위해 가장 바빠야 한다. 미국에서는 교장 선생님이 정지^{Stop}표시가 들어 있는 표지판을 들고 등하교 시간에 학교 입구 한가운데 서서 안전지도를 한다. …… 학생의 안전을 책임져야 할 가장 중요한 역할, 가장 직접적인 역할을 해야 할 분으로서 교장 선생님, 교감 선생님 그리고 보직을 맡은 주임 선생님들이 녹색 어머니보다 더 앞서서 안전을 책임지는 역할을 담당하여야 할 것이다. 미국에서는 이러한 활동을 지극히 당연한 사실로 간주하고 있지만 우리나라에서는 찾아보기 어려운 일이다.

다섯째, 운전자에 대한 안전교육을 강화해야 한다. 이를 위해 안전운전 교육센터를 설치하여 사고나 법규 위반의 운전자에 대해서는 자비를 들여 재교육을 받도록 하며, 사고를 일으킨 운전자를 많이 배출한 운전학원에 대해서는 분명한 제재를 가하여 운전학원이 책임을 지는 체계도 갖추어야 한다.

우리나라의 주거지 혹은 학교 주변에서 발생하는 교통에 대해 정책적으로 최상위의 덕목은 무엇일까? 차량 중심의 신속한 교통흐름일까 아니면 교통약자 보호를 중심으로 하는 교통운영체계일까? 제발 원칙이 마련되어 있는 나라가 되었으면 한다. 사고란 돌발적으로 일어나는 것이기에 돌발적 사고를 예방하려면 철저한 안전장치와 인적 노력이 동시에 경주되어야 한다. 이러한 대책이 마련되어 있지 못하다면 아무리 첨단의 시설을 갖추고 있어도 사고는 지속해서 반복될 것이다.

이 글 속에서 도시계획가인 글쓴이가 꼭 짚어보고자 했던 것은 무엇일까? 그것은 다음의 세 가지 사항이다.

첫째, 근본적으로 '스쿨존' 제도는 미국에서 잘 운영되고 있는 좋은 제도인데, 우리나라에서 제대로 작동하지 않는 근원적 이유는 무엇인가?

둘째, 그렇다면 미국에서처럼 우리나라에서도 잘 운영되도록 하려면 어떻게 해야 할 것인가?

셋째, 여기서 **계획가의 방임**은 없었는가?

글머리에 밝혔듯이 '스쿨존' 제도가 도입된 지 수십 년이 지났다. 그런데 여전히 제대로 운영되고 있지 못하다는 비판에 시달린다. 계획가들은 사람들을 비판했다. 우리나라 사람들의 의식에 문제가 있다고, 교통법규를 지키지 않는 사람들이 문제라고 비난했다. 글쓴이는 오히려 이를 **계획가의 방임**Planners' laissez-faire이라고 지적하고 싶다. 계획가가 제대로 된 계획을 도입하고 제대로 계획을 수립했더라면, 무엇보다 일반인이 지킬 수밖에 없는 그런 철저한 계획을 수립했더라면 과연 일반인들이 이를 어길 수 있었겠느냐는 것이다. 계획가들은 도시란 놈이 너무 복잡하게 얽혀 있는 것이라 뜯어고치기가 쉽지 않다고 항변하기도 한다. 그러나 그렇게 복잡하고 얽혀 있는 집합체이기 때문에 전문가를 통해 고쳐내려고 했던 것이 아닌가? 우리나라에 도입된 스쿨존의 형태는 마치 의사가 현상만 보고 진단하고 처방한 풋내기 처방 같은 인상을 지울 수가 없다. 기고문은 이를 지적한 것이다. 이런 점에서 셋째 질문에 대한 답은 쉽게 얻어졌다고 볼 수 있다. 그렇다면 계획가들은 이제 더욱 근원적인 **첫째의 질문**우리나라에서 제대로 작동하지 않는 이유에 대해 생각해보아야 할 것이다. 글쓴이는 그 이유를 기고문에서 우리가 미국 제도를 얼마나 형식적으로 도입했는지를 질타하는 것에서 찾아낼 수 있다고 본다. 미국의 것을 베껴오려면 제대로 베껴와야 한다는 논조에서도 찾을 수 있다. 그러면 이제 둘째 질문우리나라에서도 잘 운영되도록 하려면에 대한 구체적 대답은 어떻게 찾을 수 있는가? 이는 기고문에 학교장, 교통경찰 등 책임 있는 사람들이 책임감을 느끼고 활동할 때 가능하다고 제시되어 있다. 미국인이라고 교통법규를 잘 지키고, 한국인이라고 교통법규를 어긴다고 말할 수 있을까? 그렇지 않다. 미국인이든 한국인이든 누구나 자기 편한 대로 살고 싶어 한다. 정확한 제도적 장치가 마련되지 않는다면 아무리 좋은 제도도 제대로 작동할 수 없다. IT 등 기술만 의존해도 될 거라는 계획가의 안일한 생각 때문에 미국에서 ― 첨단기술이 그렇게 발달한 미국에서 ― 교통경찰, 학교장 등 책임 있는 사람들의 인적 활동은 다 빼버리고 반쪽짜리 스쿨존 제도를 도입한 것은 좋은 제도를 별로 쓸모없어 보이는 제도로 만든 첨병의 역할을 한 것이다. 이것은 스쿨존뿐만 아니라 요사이 전국적으로 급속도로 설치되고 있는 **회전교차로**라운드어바웃: roundabout라는 시설에 대해서도 동일한 비판이 가해질 수 있다.

이런 신랄한 비판은 도시계획가인 글쓴이에 대한 자기반성과 고민을 말하는 것이다. 근본적으로 미국에서든 한국에서든 계획가가 가능한 철저한 자세, 정확한 관찰을 바탕으로 계획을 수립하면 별로 쓸모없어 보이는 제도도 정말 좋은 제도로 바뀔 수 있다. 한 사람의 철저하지 못한 계획이 빚어놓은 잘못된 도시에서 수만 아니 수백만에 이르는 도시민을 날마다, 그것도 다가올 세대에 이르기까지 수백 년 동안 불안감을 짊어지고 살아가게 만들 수 있다. 그런 섣부른 계획의 실행, 검증되지 않은 계획의 적용은 무책임하기 그지없는 **계획가의 방임**이다. 그럼 이러한 책임감을 느끼려면 도시계획가는 얼마나 깊은 데까지 파고들어야 할까?

첫째, 도시계획가는 섣부른 주장을 내세우기보다 근본을 살피는 논증자가 되어야 한다. 이와 관련하여 글쓴이가 깊은 공감을 한 토론회가 있었다. 우리나라의 물 관리 정책과 관련된 토론회였다. 주제발표자들은 물 관리를 위해 국가가 어떤 정책을 펼쳐야 할지, 또 해외에서는 어떤 방식으로 물 관리 주체가 정해지는지 등을 발표했다. 그런데 토론자로 모신 학자들의 지적은 글쓴이에게 "정말 놀라운 토론이야!"라는 탄성을 튀어나오게 했다. 그 이유는 바로 근본을 파고들었기 때문이다. 단순 주장만이 아니라 자신들의 말 한마디에 대해 책임감을 느끼며, 그것이 도입되었을 때 어떤 사회적 파문이 일어날지에 대해 심사숙고했기 때문이다. 어떤 분들이 선진국의 사례를 가져다가 조합해서 이런저런 모델로 응용할 수 있다고 주장하며 기술적 접근에 몰두할 때, 사례의 취사선택 이전에 더 근본적으로 그 나라가 그런 모델들을 활용할 수밖에 없던 사회적 특성, 시대적 상황과 역사적 배경, 그리고 나서 우리나라와 근본적으로 다른 점을 짚어내며 문제점을 직시하던 모습은 경이 그 이상의 느낌이었다. 나아가 누가 물 관리의 주체가 되어야 할 것이냐를 놓고 단순히 기계적으로 가르마를 타주는 식의 접근이 아닌 물 관리와 관련하여 헌법정신의 구현까지도 살펴봐야 함을 고민하게 만드는 모습은 도시계획가가 정책을 수립할 때 얼마나 그리고 어디까지 고민해야 할지를 보여주는 모범이라고 느껴졌다.[22] 마치 헌법재판관들이 헌법소원청구에 대

22　2017년 7월 말 이 토론의 중심에 서 있던 인물들은 김근영, 최정석 그리고 반영운 교수였다. 세 분에 대한 글쓴이의 느낌에 대해 다른 평가를 내리는 분들도 있을 수 있다. 사람마다 관점에 따라 평가가 다를 수 있기 때문이다. 그러나 이분들의 토론은 도시계획가로서 지금까지 공식적 자리에서 쉽게 느끼지 못했던 토론의 깊이를 느낄 수 있게 해 준 사건(?)이었다. 이분들을 굳이 거론한 이유가 무엇일까? 그것은 외국의 도시계획

한 의견을 제출하는 것과 같이 말이다.

둘째, 도시계획가는 현장을 누벼야 한다. 단순히 날씨 좋은 날, 차를 타고 설렁설렁 구경하듯 다니는 것이 아니라, 다른 사람이 잠든 새벽에 그리고 깊은 밤에, 날씨가 좋은 봄이나 가을이 아닌, 한여름의 뙤약볕 아래 그리고 매서운 추위의 겨울, 진눈깨비를 맞아가며 현장을 누벼야 한다. 그러면 더 극심한 상황에서 도시계획의 오류가 눈에 띌 것이고, 그런 도시에서 고통받는 사람들이 보일 것이고, 도시를 어떻게 바라보아야 할지를 폐부 깊숙이 느낄 수 있을 것이다. 물론 매번 그리고 모든 장소에 대해 그럴 수는 없을지도 모르겠다. 시간의 제약과 예산의 한계 때문에 이러한 발로 뜀이 쉽지는 않다. 그러나 내가 정말 애정을 갖고 대해야 하는 도시계획 사안이라면, —몇 권의 책을 쓰지는 않았지만— 미주대륙 다수의 대도시에 제인 제이콥스Jane Jacobs를 기념하는 조형물, 거리, 광장 그리고 상award을 갖게 된 학자요 행동가가 된 것 같이, 그런 열정으로 내 온몸을 던져 도시를 느끼고 부딪치겠다는 결심을 세우는 것이 필요할 것이다. 이것이 계획가의 자세라고 본다. 글쓴이가 제인 제이콥스를 '몇 권의 책을 쓰지는 않았지만'이라는 비하하는 듯한 표현을 썼다고 오해하지 말기를 바란다. 이는 반어법이요, 읽는 이들로 하여금 관심을 끌어내기 위한 몸짓이라고 이해해주면 고맙겠다. 도시계획을 전공하지 않았음에도 도시에 대해 이해와 애정을 쏟은 제인 제이콥스의 열정

가를 열거하면서 그들의 연구성과를 소개했던 것은 빈번한 일이었는데 왜 우리나라의 동료 연구가에 대해서는 그리도 인색했는지에 대한 반성이기도 하다. 앞으로는 대한민국의 도시계획가를 열거하며 그들이 열어놓은 연구와 계획의 세계를 들여다보고, 세계 속에 알리는 일도 빈번해지길 바란다.

이 놀라울 뿐이다. 그녀가 쓴 책은 대략 7권 정도이다. 우리가 잘 아는 《미국 대도시의 죽음과 삶*The Death and Life of Great American Cities*》(유강은 역, 그린비, 2010)을 비롯하여, 《*The Economy of Cities*》(1970), 《*The Question of Separatism: Quebec and the Struggle over Sovereignty*》(1980), 《*Cities and the Wealth of Nations*》(1985), 《*Systems of Survival*》(1992), 《*The Nature of Economies*》(2001), 《*Dark Age Ahead*》(2004)이 있다. 더 놀라운 것은 한 권의 책이 대략 600여 쪽에 달한다는 사실인데, 이것 하나만으로도 그녀가 어떤 도시계획가보다 깊은 관찰을 해왔고, 관찰에 따른 성찰을 했다는 사실에서, 그리고 무엇보다 현장을 누볐다는 증거 속에서 그녀의 도시에 대한 이해와 애정이 뛰어남을 결코 부인할 수 없다. 그래서일까, 구글Google은 자신들의 홈페이지 인터페이스를 완전히 바꿔가면서까지 2016년 5월 4일, 그러니까 제인 제이콥스가 죽은 지 10년이 지난 그녀의 생일을 기념일로 지정하였다. 정말 존경스러운 인물이다.[23]

글쓴이의 그녀에 대한 편애일까? 그녀의 이미지를 웹사이트에서 가져다 쓸 수가 없다는 안타까움에 이미지를 대신해서 르 코르뷔지에와 비교한 표를 올려본다. 이 표를 보면서 독자들은 어떤 평가를 내릴지 생각해 보도록 하고 싶다.

23　제인 제이콥스와 관련된 이미지와 내용은 구글에서 많이 찾을 수 있는데, 그중에서도 다음 두 곳의 웹사이트는 상당히 풍부한 자료와 이미지를 제공하고 있다. 꼭 방문하여 이미지뿐만 아니라 내용도 하나하나씩 음미해보기를 바란다.
https://www.google.com/doodles/jane-jacobs-100th-birthday
https://www.curbed.com/2016/5/4/11583092/jane-jacobs-legacy

High Modernist vs. Anti-Modernist

르 코르뷔지에(Le Corbusier)	제인 제이콥스(Jane Jacobs)
공중에서 바라본 도시	일상의 보행자로서 바라본 도시
큰 것이 아름답다	공공질서의 미시사회화적 측면을 강조
위로부터의 형식적이고 건축적인 질서에서 출발	아래로부터의 비형식적이고 사회적인 질서에서 출발
이미 존재하는 도시의 역사, 관습 그리고 미적 취향에 대한 부정(실제 거주민의 욕망과 역사 그리고 관행에 대한 무시)	역사적, 일상성에 대한 강조
오스망이 절대 관력의 바로크 도시를 개조하는 데 성공했다면, 르 코르뷔지에의 제안은 파리를 완전히 밀어버리고 오스망의 도시 중심부를 통제와 위계를 염두에 둔 도시로 대체하려던 것	인간의 활동을 단일 목적에 일치시키는 것이 아니라, 광범한 목표와 만족을 추구하는 것으로 이해함. 근대 도시계획은 풍성한 미지의 가능성이 있는 도시에 정태적인 격자를 덮어씌운 격
길거리 보행자끼리의 다정하고 친숙한 혼잡도 제거	공공의 평화(가로와 보도의 평화)는 자발적 통제와 기준에 대한 사람들 사이의 복잡하고 거의 무의식적인 연결망에 의해 유지되며 또한 사람들 스스로에 의해 수행됨
도시에 단일한 합리적 계획을 반영함. 형식적 질서와 기능적 분리를 창조하는 과정에서 감각적 황폐화와 단조로운 환경 창조	다양성, 복합용도, 복잡성, 신구 건물의 조화, 고밀도를 강조 ("서로 다른 용도를 복잡하게 뒤섞는 것은 혼란스러운 유형이 아니다. 반대로 복합적이면서 고도로 발전된 질서의 유형이다")
도시를 디자인하고 안정시키려 함	도시는 거주민에 의해 재창조되고 변형되는 것으로 인식
가독성, 단순화	다양성, 창조성

　제인 제이콥스에 이어서 떡 하니 던져놓은 두 장의 사진은 무엇일까? 이 사진은 2016년 어느 여름 새벽 전주시에 있는 기린봉에 올라 남고산성 쪽으로 발걸음을 옮기다 발견한 **운무의 폭포**였다. 아중 호수에 쌓인 안개가 넘실대며 폭포수처럼 도시로 끊임없이 흘러드는데, 그 장관에 눈을 떼지도, 발걸음을 떼지도 못하곤 탄성을 질렀다. "아~ 이렇게 맑고 신선한 공기가 날마다 넘실대며 아중리로 흘러드는구나, 폭포수 같은 이 맑은 공기가 말이다." 그리고 더 멀리 바라볼 때 완주군 쪽으로는 그 안개가 아예 바다를 이루고 도시 전체를 뒤덮고 있었다. 또 다른 운무는 전주시의 자랑거리라는 한옥마을 쪽으로 끊임없이 흘러들고 있었다. 그런데 이 새벽안개가 흘러가는 것은 무엇을 뜻하는 것일까? 그것은 우리가 흔히 말하는 **신선한 공기가 흘러들고 흘러나는 바람길**이 존재한다는 것이었다. 바람길, 그렇다 이 바람길이 도시에 사는 도시민들에게 맑고 신선한 공기를 날마다 공급해주고 있었다. 이 엄청난 양의 신선한 공기를 말이다! 돈 주고 살 수 없는 그 엄청나고도 신선한 공기를 말이다! 앞서 전주시의 덕진 경기장 부지를 놓고도 도시 열섬 현상Urban Heat Island Effect을 극복하고 켜켜이 쌓여 있는 미세먼지를 걷어내는, 신선한 바람길을 터주는 공간이어야 한다고 그리 말했던 이유를 여기서도 발견할 수

있었다. 그렇기에 그 자리에서 든 다른 한편의 안타까움은 "과연 전주시에 살고 있는 수많은 정치가나 도시계획가들 중에 이 장관을 보고 계획을 수립한 사람은 몇이나 될까?" 하는 것이었다. "만약 이 광경을 목격했더라면 과연 전주시가 아중리를 저렇게 망쳐놓는 개발방식을 취할 수 있었을까?" 하는 생각과 멀리 전주 도심까지 ─ 사실, 서울에 비하면 이것은 멀다고 할 수도 없는 거리이다 ─ 이 바람길을 고려해 도시를 개발할 방향을 잡으라고 이야기해줄 수 있는 정책결정자로서의 시장이 한 사람만이라도 있었더라면 하는 아쉬움이 물밀 듯이 밀려들었다. 저 폭포수 같이 쏟아져 내리는 안개처럼 말이다. 지금도 글쓴이는 전주시에서 가장 가기 싫은 땅을 밟곤 한다. 그것도 가장 가기 싫은 한여름의 어슴푸레한 초저녁에……. 그곳은 어디일까? 글을 읽는 여러분에게는 이렇게 가장 가보기 싫은 땅이 있는가? 그런데 도시계획가로서 왜 그 땅을 밟아봐야 할 것인가? 도시계획가들이 조금만 더 자세히 관찰하고, 조금만 깊이 생각하고, 한 발짝만 더 뛰어다닌다면, 우리는 근원을 살펴 합리적 판단을 내릴 수 있는 가치판단자가 될 수 있기 때문이다.

셋째로 도시계획가는 새로운 도시계획 정책이 제시될 때, 그 정책의 개념이 무엇인지 해답을 찾아낼 때까지 고민하고 숙고해야 한다. 여기서는 이런 고민과 숙고를 지금 유행처럼 번지고 있는 '도시재생Urban Regeneration'이라는 개념을 생각해보면서 마무리하고자 한다. 과연 '도시재생'은 무엇일까? 글을 읽는 여러분은 도시재생이 무엇이라고 생각하는가? 이 질문을 몇몇 학자와 젊은 계획가들에게 던져보았다. 그들은 도시계획 분야에서 수많은 연구과제와 용역과제를 수행하고 있는 꽤 잘나가는 동년배의 교수들이 가르친 제자들이었다. 그러나 사실 그들과의 대화에서 듣고 싶은 대답을 들을 수 없었다. 오히려 "재개발·새건축의 변형되고 발전된 형태가 아닐까요?"라고 되묻는 모습에 "아니, 이들이 풀어가는 기술적 방법은 괜찮아 보이는데 이 무슨 개뼈다귀 같은 소리인가? 이건 그들 스승의 문제가 아닌가?" 하는 개탄스러움까지도 들었다. 우리가 재생이라는 용어를 차용해올 때, 영어에는 원래 Regeneration, Renaissance, Rehabilitation, Renewal, Redevelopment 등 상당히 다양한 개념이 존재해왔다. 그런데 이런 용어의 차이는 무엇인지, 정책적으로 적용할 때 어떻게 달라져야 하는지 그리고 왜 우리는 궁극적으로 Regeneration을 차용해서 써야 했는지를 고민하면서 도시재생을 수행하고 있는지 궁금해졌다. 최근에 글쓴이도 자신이 꽤 오래 전에 썼던 글 속에서 '도시재생'이라는 말을 거론한 것을 우연히 발견하였다. 그리곤 얼마나 부끄러웠는지 모른다. 기술적으로는 틀린 말이 아니었지만, 근본을 놓치고 있으니 아무리 기술적으로 뛰어난 말인들 그 기술이 정말 도시계획가 대부분에게 보편타당하게 들릴 수 있는 말인지, 정확한 방향을 제시했는지를 알 수가 없었다. 물론 도시재생이란 재개발과 다르며, 물리적인 면뿐만 아니라 환경적, 경제적 그리고 사회적 요인을 다 같이 살펴봐야 하는 계획방식이라는 것쯤은 도시계획을 전공한다면 삼척동자도 아는 이야기이기에, 이것은 기본이요, 재생이란 한번 해치우는 재개발사업이 아니라 궁극적으로 지역주민 스스로가 자발적 능력으로 계속해서 재생할 수 있는 구조를 만드는 것이라고 떠들고 다니던 모습에 도취한 자아를 발견할 때는 창피하기까지 하였다. 물론 다른 이들보다 좀 더 깊은 사고를 하는 것처럼 보이기는 하였지만 그렇다고 그것이 정말 깊은 숙고를 하는 전문가의 모습이라고 보기에는 미숙했기 때문이다. 그렇다면 재생Regeneration이라는 용어는 무엇을 말하는 것인가? 글쓴이는 먼저 재생이라는 용어가 정말 어디에서 생겨난 것인가를 찾아내는 것이 중요하다고 생각한다. 그 뿌리와 출발점을 알면, 최소한 그것이 원래 어떻게 적용되었는지를 이해할 수 있으며, 도시계획에서도 왜 이런 용어를 가져다 썼는지 이해할 수 있을 것이며, 궁극적으로 어떻게 적용하는 것이 바른 것인지 방법론도 찾아낼 수 있다고 믿기 때문이다. 이런 고민을 품고 지내다가 글쓴이가 다니는 학교의 다른 전공 분야 교수님들과 이야기를 나눌 기회가 생겼다. 한 분은 수의과 대학의 김남수 교수님이셨고 다른 한 분은 BIN융합공학과의 강길선 교수님이셨다. 그런데 그 분야에서는 이미 오래전부터 피부재생과 조직재생 등 수많은 관련 연구를 진행하면서 '재생'이라는 용어를 사용해왔다는 것이다. "어, 재생?" 그분들은 자신이 쓰는 재생이라는 용어도 'Regeneration'이라고 말씀하셨다. "그렇다면 같은 재생?" 이 짧은 대화는 재생이라는 용어가 원래 식물학에서 유래했으며, 현재는 동물학 분야에서 피부이식, 조직재생, 장기재생 등 광범위하게 응용되고 있음을 알게 해주었다. 특히 식물학의 예에서 우리가 무나 배추와 같은 채소를 먹을 때 뿌리 부분을 포함해서 대략 20~30%만 남겨놓은 뒤, 이를 물에 담가두어 뿌리내리게 하여, 조금 더 자란 것을 흙에 옮겨 심으면 다시 원래의 배추나 무가 자라나는 원리와 같으며, 동물학에서도 간이든 위든 그 어떤 장기도 일부를 가지고 다시 정상을 만들어내는 것이 재생이라는 것이었다. 특히 식물학에서의 재생은 하나의 씨가 땅에 떨어져 수백 수천 배의 결실을 맺는 재생도 있었다. 그런데 더 흥분되는 사실이 있었다. 이렇게 재생시키는 데 특별히 외부에서 엄청난 에너지가 투입되지 않더라도 단순히 물과 흙과 공기만 있으면 다시 식물이 자라나고, 동물학에서도 기본 처방만 잘 해주면 스스로 다시 자라나 정상으로 회복되는 것이 재생의 원리라는 것이었다. 다만 정말 특정 부위나 장기가 심각하게 훼손되어 이를 정상으로 돌리려면 특별히 외부에서 고단위의 노력과 에너지가 투입되어야 하는 건 또 다른 차원의 원리였다. 이 얼마나 단순하면서도 명쾌한 깨달음인가?

"짧은 ― 아니, 솔직히 짧은 만남이라고 가볍게 말하기에는 왠지 그 대화의 진지함이나 진정성이 제대로 인정(?)받지 못하는 듯한 느낌을 받는다. ― 대화였을지라도 반복적으로 다루어온 주제로써 학제 간의 교류와 융·복합이 얼마나 의미심장한 것인가를 보여주는 단적인 사례였다. 사람들은 도시재생을 매우 복잡하게 설명해왔다. 그 실체가 무엇인지, 어떤 방향으로 나아가야 하는지 정확히 정립되지도 않은 상태에서 우리보다 20여 년 전에, 아니면 30여 년 전에, 이미 영국에서 어떻게 썼고, 미국에서 어떻게 썼으며, 일본에 건너와서는 어떻게 썼기 때문에 우리도 우리에게 맞는 것을 골라 써야 한다느니 하고 있지만, 그것은 그 나라에서의 성공사례요 선택일 뿐, 정말 그것이 도시재생인지에 대한 정확한 근거나 원칙을 말해주는 것은 아니지 않는가? 재생은 외부그것이 중앙정부든 지방정부든, 외부에서 들어오는 모든 것을 포함한다에서 수많은 에너지정부의 제도지원, 재정지원, 시민사회단체, 사회적 기업, 외부 전문가의 인적 지원 등가 과도히 들어와서 내부재생 대상지나 재생대상지의 주민를 이래라저래라 하면서 바꿔놓는 것이 아니다. 오히려 재생대상지의 주민 스스로가 재생방안을 찾아가고, 열매를 맺고, 끊임없이 재생할 수 있도록 뒤에서 물을 주고, 땅에 심어주는 것이다. ― 이런 것을 어려운 전문용어로 주민역량강화라고 하던가? 글쓴이는 괜

히 한자를 가져다 쓴 어려워 보이는 이런 표현을 좋다고 느끼지 않는다ㅡ
드러나는 것은 재생지역의 주민이요, 재생지역의 애씀이지 물을 주는 외
부가 아니다. 만약 도저히 스스로 회복될 수 없을 정도로 심각하게 훼손
되었을 때는 커다란 외부 에너지를 집중적으로 투입해야 할 뿐이다. 이
원칙과 원리가 도시재생의 방법에까지 적용될 수 있다. 여전히 성장지상
주의적 사고에 물들어있는 계획가들이 중심이 되어 낙후된 동네나 지역
을 재생시켜 성장 가도를 달리게 해주려는 식의 접근이 이뤄지고 있다.
이 계획은 재생이 아니다. 그러한 계획가에게 맡겨둔 재생은 주민들에게
지금까지 실패해온 '성장'이라는 환상과 허상을 부추기는 것 이상의 아
무것도 아닐 수 있다. 게다가 겉으로는 재생이지만 성장이 눈에 뻔하게
드러나는 정책이 국가 '재정'을 기반으로 투입되니 무임승차free-rider[24]를
노리는 시장의 검은 손[25]은 좋은 먹잇감을 발견하고 쾌재를 부르고 있
다. 그래서 글쓴이는 지금 벌어지고 있는 도시재생을 감히 '재개발 시즌
2'라고 폄하하고 싶다. 정책결정가의 의식구조, 정책집행가들의 의식구
조 그리고 나아가 시민의 의식구조가 돈의 논리, 권력의 논리에 몰입되

---

24 말 그대로 하면 대중교통시설 이용객이 지급해야 할 요금을 지급하지 않고 몰래 탑승하
는 행동을 말한다. 이는 공공재에 대해 비용은 지급하지 않으면서 수혜만 누리려는 행위
를 뜻하는 것으로 스스로 시간·노력·비용을 들이지 않고 공공재를 이용하거나, 더 나아
가서는 불로소득을 올리려는 행위를 포함한다고 볼 수 있다. 이와 관련하여 《경제학자
의 인문학 서재》(김훈민·박정호 저, 한빛비즈, 2012) 혹은 《집단행동이론》(한덕웅 저, 시
그마프레스, 2002)은 경제학적 관점에서만이 아니라 심리학과 도시계획의 차원에서 상
당히 좋은 정보를 제공해주고 있다.

25 검은 손이란 '속셈이 음흉한 손길, 행동, 힘 따위를 비유적으로 이르는 말'로 정의되는
데, 여기서 '시장의 검은 손'이란 주식시장과 같은 유가증권 시장에서 주가를 끌어올린
뒤 되팔아 시세차익을 얻거나 자금을 빌려주고 주식을 사게 해 시세를 조정하는 방식
으로 부당이득을 취하는 행위라고 볼 수 있다. 이런 행위는 부동산시장에서도 실질 임
대자가 아니면서 시세차익만을 노리는 행위로 나타난다. 문제는 이것이 결과적으로 시
장을 교란하고, 실수요자의 피해를 양산한다는 점이다.

어 있고, '5년이라는 기한'의 성과주의에 빠져 있는 한 이것은 재생이 될 수 없다. 재생을 성과로 바라보는 것은 '재생'이라는 씨를 뿌려놓고 이놈이 얼마나 잘 자라 뿌리를 내렸는지 궁금하다고 파보고, 또 다시 묻고, 그러다 다시 확인한다고 뽑아보는, 그래서 결국은 씨가 제대로 착상도 못하고, 뿌리를 내리지도 못했는데, '아니, 시간이 얼마나 지났고, 재정이 얼마나 투입됐는데, 아직도 '재생'의 열매를 맺지 못하고 있느냐?'고 독촉하는 그런 성급함과 다를 바가 없다. 이러려면 절대로 '재생'이라는 용어를 쓰지 말아야 한다. 오히려 '재개발 시즌 2'라는 용어를 쓰는 것이 유행을 따르거나, 아니면 아예 한발 더 나아가 '이것이야말로 시대정신이다'라고 포장할 수 있는 기교 섞인 표현일지도 모르겠다.

글쓴이는 재생을 '나무를 심고 돌보고 가꾸는 것'이라고 비유해보고 싶다. 나무는 심어놓으면 자란다. 동물은 세월이 지나면 늙고 때가 되면 죽지만, 나무를 보고 '세월이 지나 참 많이 늙었구나, 너도 죽을 때가 다 되었구나!'라고 말하지 않는다. 나무는 100년이 아니라 500년, 1,000년이 가도 살아있다. 이것은 결과물로만 보는, 고정관념으로는 결코 보이지 않는 재생의 가장 기본적 속성이다. 열매는 한번만 맺히는 것이 아니라 나무가 살아 있는 동안 끊임없이 맺힐 수 있다. 또 열매만이 나무가 살아있어서 우리에게 제공하는 결과물이 아니다. 울창한 푸름도 열매의 하나며, 산소를 공급하는 것, 그늘을 드리우는 것, 무엇보다 다양한 생물이 그 나무와 함께 살아갈 수 있는 것도 열매다. 그러므로 도시재생, 이 하나의 단어는 도시계획가가 어디까지 고민해봐야 하는지를 알게 해주는 정말 고마운 단어다. 지금 우리가 하는 도시재생이 진짜 도시재생인지,

그 방법이 맞는 방법인지, 무엇보다 정부가 제시하는 도시재생 정책이 정말 도시를 재생시키는 정책인지 아니면 도시를 결코 재생시킬 수 없는 늪으로 빠져들게 만드는 정책인지를 깨닫게 해주는 단어일 것이다.

1.4.5 털어낼 줄 아는 비움의 예술가

우리는 모두 채우는 데 능숙하다. 건축가들은 조금이라도 빈 공간을 만나면 어떤 건축물로 이 공간을 채워 넣을까 고민한다. 많은 토지주는 자신들의 토지에 자산가치가 높은 건축물로 채워 넣어줄 수 있는 건축가를 만날 때 행복해한다. 이런 관계망 속에서 건축가들은 자신이 남들보다 훨씬 뛰어난 형태의 건축물과 건축 작품을 채워 넣을 수 있으리라 생각한다. 도시계획가들도 기본적으로 건축가들의 DNA를 물려받은 듯하다. 경쟁적으로 빈 공간을 만나면 어떤 계획으로 채워 넣을지를 고민한다. 도시계획가뿐만 아니라 지방정부의 단체장들도 가능하면 자신들의 임기 내에 자신의 관할 아래 있는 도시가 성장했다는 것을 보여주기 위해서 꽉꽉 채워 넣는 정책을 공약으로 뿜어내고, 이를 실행에 옮길 수 있도록 이론적 뒷받침을 해줄 수 있는 도시계획가를 만나고 싶어 한다. 그러나 "왜 채워 넣어야 하는가? 무엇 때문에 채워 넣어야 하는가? 도대체 비워내면 안 되는가? 비워냄으로써 더 나은 공약과 정책이 제시되고 도시민에게 더 나은 삶이 제공되는 것은 아닌가?"와 같은 고민은 해보지 않고 있는 듯하다.

도시계획에 관여하는 많은 사람이 '여백의 미餘白의美'라는 표현을 들어보았는지 궁금하다. 물론 수없이 들어봤을 것이다. 이는 동양화의 수묵

화에서 느낄 수 있는 대표적 특징이나. 조선시내 정조 때의 '김홍도'는 이러한 여백의 미를 잘 활용하여 그림을 그릴 줄 알았던 화가였다. 여백이란 실제로 사물이 존재해야 할 곳에 어떠한 효과 없이 공간을 비워 미완성된 상태로 보이는 듯한 공간을 뜻한다. 하지만 과감히 생략된 공간으로, 한편으로는 보는 사람이 빈 공간을 상상하게 하기도 하며, 다른 한편으로 무엇인가 그려진 부분에 시선이 더욱 집중되도록 시각적인 흐름을 유도하기도 한다. 여백은 말 그대로 생략된 표현에 그칠 수도 있으나, 적절한 배치와 작가의 표현력으로 엄청난 힘을 발휘할 수 있는 조형구도의 절제미, 과감한 조형의 구성력 등이 발휘되는 공간이다. 도시계획에서도 이러한 여백, 비움은 도시공간 구성물에 대해 엄청난 힘을 발휘하는 공간을 창출한다. 단순히 심미적 가치만이 뛰어난 것을 말하지 않는다. 비움은 실제 삶의 가치가 훨씬 나아지게 만드는 작업이다. 채우고도 또 채우려는 욕심이나 욕망은 결국 욕심의 채움, 욕망의 채움으로 나타나게 되고, 그와는 달리 비움이 욕심이나 욕망이라는 단어와 합쳐질 때는 욕심의 비움, 욕망의 비움으로 나타나 정말 아름다운 본질이 더욱 두드러지게 된다. 이처럼 채우고 또 채우려는 욕심은 토지주와 결탁한 개발사업가developer에 의해 성취되기도 하고, 정치권력이 성공한 통치요, 성장의 가시적 성과를 보여주기 위해 손잡은 개발사업가형 도시계획가에 의해서도 작동되고 있다.

앞의 사진은 붉게 해가 지는 노을이 멋들어져 보이는, 하지만 실상 우리나라 어느 도시에서나 흔하게 볼 수 있는 콘크리트로 뒤덮인 도시의 민낯이다. 도시가 너무나 황량해서 뭔가 치장을 해야 하는데, 역시 자연현상의 치장이 허락한 순간의 포착은 대단했다. 또 다른 사진은 2017년 8월 서울역 방향을 바라보며 25층 건물에서 콘크리트로 솟구쳐가는 서울의 전경이다.

사진을 보면 얼핏 녹지가 있는 듯하여 도시의 황량함이 반감될 수 있다. 하지만 아랫부분의 녹지는 서울역 철도가 지나는 철길이라서 녹지로 남아 있을 수밖에 없는 공간일 뿐, 듬성듬성 보이는 녹음도 늦가을 나뭇잎이 다 지고 나면 잿빛 콘크리트의 황량함 앞에 존재감을 상실하고 말 모습이다. 물론 누군가는 어떻게 이것 한두 가지만으로 서울을 평가할 수 있냐고 항변할 것이다. 하지만 지하철을 타고 한강 이곳저곳을 건널 때마다, 높은 건물에서 창밖으로 시선을 돌릴 때마다, 특히 겨울이 가까워져 올 때마다, 글쓴이의 눈에 비친 서울은 예외 없이 콘크리트의 삭막함만이 가득할 뿐이다. 더 무서운 것은 그 속에서 숨 쉴 때마다 우리는 찌든 공해를 쉼 없이 들이마시고 내뱉고 있는 것이다. 그것도 무의식중에 말이다.

제대로 채우려면 제대로 털어낼 줄 알아야 한다. 도시계획가에게는 이러한 비움을 주장하고, 제언하고, 실행할 줄 아는 용기가 필요하다. 특히 비움으로써 얻을 수 있는 것이 무엇인지 인지할 수 있다면, 그리고 비워짐이 특정 소수만이 아닌 불특정 다수에게도 커다란 효과를 가져다준다는 사실을 알 수 있다. 그렇게 되면 공적 책무를 담당하는 사람으로서 도시계획가의 비움을 향한 열정은 더욱 뚜렷해질 것이다. 개발권 이양제도TDR : Transfer of Development Right26와 토지비축제도Land Banking는 이러한 비움을 실천할 수 있게 하는 의미심장한 제도이다. 단정적으로 말하는 것은 피하고 싶지만 이 두 가지 방식의 제도를 잘 활용하면 누구에게도 손해가 발생하지 않게 하는 상당히 괜찮은 효과를 기대할 수 있을 것이다. 그러나 많은 토지주는 자신의 토지가 비워지면 토지에서 얻을 수 있던 부의 창출기회를 일순간에 상실할지도 모른다는 막연한 두려움에 시달릴 것이다. 그렇기에 그들의 저항은 더욱 조직적이고 거칠어질 수 있다. 하지만 개발권 이양제도를 통해 충분한 보상의 가능성을 제시할 수 있다면, 그리고 이 제도를 통해 더 큰 경제적 이익과 효율적 공간이용을 창출할 수 있다면, 그러면서도 이 제도가 사적 재산의 가치증진뿐만 아니라 공적 공유공간을 더욱 넓게 확보하여 공적 가치도 동시에 달성할 수 있다면, 도시계획가는 이 제도의 활용을 더욱 활성화할 필요가 있다.[27]

---

26 개발권 이양제도의 아주 기초적인 실행방안으로 공개공지제도를 들 수 있다. 공개공지를 도입할 때 개발행위의 용적률을 완화하여 개발권이 평지의 평면개발에서 건물의 층수 증대로 이동하는 유도하는 인센티브 부여 방식이라고 볼 수 있다. 여기서 공개공지란 건축행위를 하는 데 있어서 일정 규모 이상의 건축물을 지을 경우 건축물의 전면(가능한)에 작은 쌈지공원, 예술작품의 공간 등을 조성하여, 지나다니는 행인 등 불특정 다수가 쉴 수도 있고, 도시의 미관 효과도 증대시키며, 쾌적한 개방감이 확보되도록 한 개방된 공지를 말하는데, 이를 통해 건축물이 도로에서 뒤로 일정 부분 후퇴할 수 있고, 여백이 확보될 수 있다. 그러나 이 공개공지 제도는 채움과 타협한 비움, 채움을 충족시켜주는 비움은 아닐까?

27 이 말은 "어디를 비우는 것이 좋을까?"라는 고민과 맥을 같이 한다. 비움도 채움과 마찬가지로 분명한 목적을 갖고 대상을 정해 비워야 한다는 것이다. 글쓴이가 도시에서 가장 비우고 싶은 공간은 사거리 교차로의 전면부지이다. 아마 많은 사람은 "정신 나간 소리를 하고 있구먼, 이 땅이 얼마나 비싼데."라고 할지 모르겠다. 그러나 그것은 기우에 불과하다. 어쩌면 무지에서 빚어지는 염려일 것이다. 그 이유는 개발권 이양제도를 활용하여 더 나은 곳에서 더 넓은 면적으로 개발이 이뤄질 수 있도록 보장한다면 비싼 땅의 가치를 상쇄하고도 남을 것이기 때문이다. 또 이렇게 해서 얻어지는 탁 트인 사거리의 개방감은 도로를 이용하는 모든 운전자에게 심미적 안정감을 가져다 줄 것이다. 꽉 막힌 공간에서 차량이 뿜어내는 공해를 마시며 길 건너기를 기다려야 하던 보행자들에게도 도시의 가치를 되찾을 수 있게 할 것이다. 이는 느껴본 사람이라면 누구나 공감하며 말할 수 있다.

또한 토지은행 제도Land Banking라고도 불리는 토지비축제도를 통해 공공사업에 필요한 토지 — 그것이 채움을 위해서든, 비움을 위해서든, 둘 다 공익적 가치를 추구하는 행위라면 — 를 정부가 저렴한 가격에 미리 확보해서 필요할 때에 정부가 직접 사용하거나 수급조절을 위해 시장에 공급하게 된다면 이는 공공기관이 추구하는 도시계획의 가치를 가장 시의적절하게 실현할 수 있는 방안이다. 특히 글쓴이는 토지비축제도를 국가가 제도적으로나 재정적으로 적극 지원해야 한다고 주장한다. 지방정부도 이와 관련된 예산을 적극 확보하고 실질 사업을 추진해야 한다고 주장한다. 왜냐하면 이를 통해 저소득 계층이나 상인들의 경제활동을 보호하는 공적 사업을 상당히 잘 실현할 수 있기 때문이다. 좋은 사례로 부안전통시장을 들 수 있다. 전라북도 부안군의 읍내에 위치한 부안전통시장은 부안군이 소유하고 있는 공유지군유지에 전통시장을 조성한 것으로, 이곳의 시장상인들은 저렴한 임대료로 입주할 수 있고, 이를 통해 과도한 임대료나 무분별한 임대료 인상을 걱정할 필요 없이 사업을 안정적으로 유지하고 있기 때문이다. 이러한 토지 관리 및 소유제도는 우리 사회에서 오래 전부터 고을과 마을의 공동체 토지제도로 공유pubic ownership, 합유joint ownership, 총유collective ownership라는 형태로 존재해왔다. 그리고 현 시대에도 이러한 소유형태[28]는 민법에 자세하게 명시되어 있

28　한 필지의 토지를 여러 사람이 소유하는 방식에는 공유(共有), 합유(合有), 총유(總有)가 있다. 공유는 가장 일반적인 공동소유형식으로 여러 사람의 지분에 따라 공동으로 소유하는 형식이며, 지분이 정해져 있지 않은 경우에는 균등한 것으로 추정한다. 합유는 조합재산을 소유하는 형태이며, 법률의 규정 또는 계약에 의하여 수인이 조합체로 물건을 소유하는 때의 공동소유를 말한다. 합유도 공유와 같이 합유자에게 지분소유권이 부여되어 있으나, 합유자는 지분을 자유로이 처분하지 못하는 점에서 공유와 다르다. 총유는 단체적 색채가 가장 강한 공동소유형태이다. 단체의 구성원은 일정한 범위 내에서

다. 그러므로 이를 잘 활용하기만 하면 요사이 부정적 의미로써 화두가 되고 있는 젠트리피케이션Gentrification[29]현상을 미리 방지할 수 있다.

그리고 나아가 도시에서 개발억제가 필요한 지점의 토지를 공공이 비축해두는 가운데 민간에 의해 빚어질 수 있는 난개발을 예방하는 선재적 방안으로 활용할 수도 있다. 부안전통시장 사례는 총유에 해당한다. 그러나 안타깝게도 지금까지 이러한 제도가 비움을 위해 얼마나 자주 그리고 비워진 공간의 공적 활용을 위해 어떻게 이용되어왔는지 느낄 수 있는 도시계획가는 많지 않다. 정부도 이러한 제도를 얼마나 잘 알고 활용해왔는지 말할 수가 없을 것이다.

이제, 커다란 비움이 어렵다면 작은 비움으로부터 출발하자. 아니, 왜 비워야 하는지 그 이유부터 스스로 깨닫자. 그것은 도시에 살아가며 도시를 이용하는 모든 이용계층을 위한 도시계획가의 배려인 것이다. 그리고 우리도 여기서 잠깐 왜 비워야 할지 스스로 깨닫기 위해서라도 한번쯤 우리의 생각을 털어내고 깨끗이 비워보는 시간을 가질 필요가 있다.

자~ 한번 비워보자.

각각 사용, 수익의 권한만을 가진다. 각 구성원은 지분을 가지지도 않고 분할청구도 할 수 없다. 전형적인 것이 종중(宗中) 또는 문중(門中) 재산에 대한 총유형태가 있다.

29 한글로 무엇인지 명확히 규명되지 않은 용어이다. 국립국어원에서는 이를 '둥지 내몰림'이라고 부정적 의미에 치중한 번역어를 제안하기도 하였다. 하지만 이는 낙후된 도심의 재활성화에 따르는 긍정적 개념도 포괄하는 용어이기도 하다. 조명래 교수(단국대 도시계획부동산학부)의 "젠트리피케이션의 올바른 이해와 접근"이라는 글에서 훨씬 명쾌하고 자세한 해설을 제시하고 있다(《부동산포커스》 한국감정원, 2016).

지금부터 털어내자

내 주장도, "내가 도시계획가야"라는 잘남도,

······ 그리고 나서 내 속을 들여다보자 ······

비·워·졌·나?

깨끗이

내가 도시에서 비워낼 수 있는 것은 무엇일까?

적어보자

ㄱ러고 나서

들여다보자

잘·비·워·졌·나?

비워보자

먼저 무엇을 비워볼까? 하나씩 찾아보자

　　　　　글쓴이는 도시 노른자위 땅, 가장 비싼 땅, 바로 집 앞에 떡 하니 서 있는 대형마트를 비워보고 싶다. 그것이 꼭 거기에 서 있어야 하는지 물으면서 말이다. 사실 그것은 그곳에 꼭 있어야 할 시설이 아니기 때문이다. 도시계획제도가 우리보다 발달한 서구 선진국에서는 공업지역에 입지시키는 것이 합리적이라고 보고 있다. 그렇기에 글쓴이도 그것을 애초부터 공업용지에 입지시키는 것이 맞는다고 본다. 그리고 가능하다면 지금이라도 빨리 이전시키는 것이 맞으리라. 왜냐하면 불특정 다수로부터 심각하리만치 교통체증을 유발시키는 물류유통시설이라고 판단하기 때문에…… 매의 눈을 가진 도시계획가라면 그런 시설이 주거지나 상업용지에 적합하지 않으며, 따라서 빼어내는 것이 당연하다고 볼 것이기 때문이다. 그러니 그렇게 하나씩, 둘씩……

남김없이

어쩌면 다시 잘 채우기 위하여……

아니, 제자리를 찾아가기까지……

-풀, 꽃 그리고 나무 등…… 자연으로 다시 가득 덮을 수 있다면……

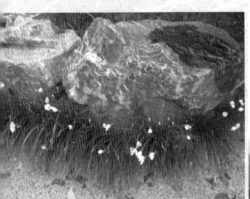

생명은 (어떻게든) 비집고 살아난다.

생명은 찾아온다.

생명은 철이 지나며 더 가득찬다.

1.4.6 협의를 거쳐 합의를 이끌어내는 중재자

협의란 민주주의 사회에서 가장 귀중한 행동 규범 중의 하나다. 도시계획에서도 이런 협의를 통한 합의도출은 법 조항에 따라 결정하는 것에 버금가는 권위를 부여받고 있다고도 볼 수 있다. 이는 도시계획적 사안들이 단순히 법적으로 해결할 수 없는, 지역적으로 지극히 독특하고, 시기적으로 너무도 다양한 사항들을 포함하고 있기 때문에, 위원회에서 위원들의 자문과 심의를 통한 합의와 결정이 중요한 역할을 담당할 수밖에 없다. 그런데 과거에 많은 계획가들은 협의를 통한 합의도출보다는 특정 윗선의 지시, 권위자의 부탁 혹은 특정 전문가의 독선에 따른 결정에 끌려가거나 내맡기는 경우가 많았다. 이러한 행위와 결정에 대해서 많은 일반인은 분노하고 분개하였다. 그 반사적 행위로 형식적인 공청회 때문에 똥물을 던지는 사람이 등장하는가 하면, 물리력을 동원한 실력행사로 공청회의 개회 자체가 무산되곤 하였다. 이렇게 될 때 도시계획 전문가의 진정한 권위는 한없는 나락으로 떨어진다. 마치 2016년 한 해 동안 온라인매체에 유행처럼 번졌던 쓰레기의 변형이자 응용어인 기레기(권력에 야합하려는 방송인이나 기자들을 수준 낮은 인물로 평가하는 표현), 목레기(정치에 빌붙어 기웃거리는 목회자들), 동물에 비유하여 야합과 패거리 문화를 만들어낸 특정 정파 소속의 국회의원을 부르는 신조어인 구케의원(사실은 국'개~'의원이었던 것 같다) 등으로 명명했던 것들이 그들의 불의함에 대한 일반인의 판단이었던 것처럼 말이다. 이는 정의롭지 못한 권력자들에 대해 SNS를 통한 국민의 자기발현 능력과 국민적 눈높이가 얼마나 높아졌는지를 보여주는 것이기도 하면서, 권위를 올바르게 쓰지 못하는 권위의식에 찌든 사람들에게 던진 사회적 조롱과 비아냥거림이기도 하였다.

　도시계획가가 '조롱받는 권위'로부터 '인정받는 권위'로 돌아가려면 어떻게 해야 할 것인가? 가장 기본은 힘 있는 권력에 빌붙는 자세를 버리는 것이다. 윗선의 지시를 어떻게 하면 만족시켜줄까 상황논리를 만들어주는데 급급한 나쁜 놈이 돼서는 안 된다. 그렇다고 일반인이면서도 조직화한 이익집단처럼 행동하는 사람들의 주장에 끌려가면서 수세적 방어논리를 짜내느라 급급해서도 안 된다. 그들이 다수처럼 보일지라도 정당하지 않고 무리한 요구를 한다고 판단될 때에는 설득과정은 거치돼, 누구에게도 영향을 받지 않는 분명한 심의집행도 필요하다. 그러나 진정한 의미의 권위는 그 어떤 판단을 내리기에 앞서 **경청敬聽**할 줄 아는 덕목을 갖추고 합의를 이끌어내는 중재자가 될 때 얻어질 수 있다. 마치 판사가 피고 측과 원고 측의 견해를 충분히 귀 기울여 듣고 나서 최종 결심판결을 내리듯이 말이다. 도시계획을 수행하면서 이 경청의 과정을 제도적 장치로 만든 것 중의 하나가 **공청회公聽會**라고 할 수 있다. 공청회가 무엇인지, 기능과 역할 등에 대해서는 수많은 책이 충분히 설명하고 있기에 여기서까지 그것을 논할 필요는 없을 것이다.[30] 하지만 공청회 자체를 제대로 이해하고 있는지에 대해서는 한번쯤 생각해볼 필요가 있다. 특히 **청聽**이 무엇을 뜻하는지 생각해본 적이 있는가? 한문에 나타난

---

30 공청회와 관련해서는 국회법에 가장 간명하게 규명되어 있다. 국회법 제58조와 제64조에는 공청회와 관련하여, 그리고 이와 유사한 청문회와 관련해서는 제61조에서 규정하고 있다. 참고로 공청회는 주로 국민의 여론이나 전문가의 의견을 듣기 위한 제도인 반면, 청문회는 불이익처분의 상대방 의견을 듣는 제도에 해당한다.

'청청聽'자를 풀어서 살펴보면, 크게 귀耳와 소리音를 나타내는 물정→청의 생략형이 합해진 부분과 우변에 덕悳,세우다으로 이뤄져 있음을 알 수 있다. 청이란 소리가 잘 들리도록 귀를 기울여 듣되, 덕이 되는 방향으로 듣고 판단하는 것을 뜻한다. 그럼 덕이 되는 방향으로 듣는다는 것은 또 무엇인가? 이는 우변의 덕悳을 다시 해부해보면 더 명확하게 알 수 있다. 곧을 직直과 마음 심心이 합해져서 곧은 마음으로 보고 바로 보는 것이 덕悳이라는 것이다, 즉, 공청公聽이란 어떤 일을 추진할 때 공무를 집행하는 자세를 갖추고, 사람들의 목소리에 귀를 기울여 듣되, 최종적으로는 사심 없는 곧은 마음으로 덕이 되는 결정을 내리는 행위라고 해석할 수 있다. 즉, 공청회는 일방적 주장을 내세우고, 우격다짐 식의 논쟁을 벌이는 장소라기보다 잘 듣고 귀 기울이며 덕을 세우는 자리이다. 잘 듣는다는 것은 한쪽만이 취할 자세가 아니라 공청회에 참석한 사람이라면 ─안건 상정자건 청중이건─ 양쪽이 다 취하여야 할 자세이다. 그런데 이래야 하는 공청회가 빈번히 파행적으로 이뤄져 왔었다. 원인은 여러 가지가 있을 수 있겠으나, 안건 상정자 측에서 이번 공청회만 끝나면 다 끝나는 것이니 이것만 해치우고 끝내버리자는 법적 요식행위의 마무리로 생각하는 것 때문에 빚어지기도 하고, 공공기관이 개인의 사적 재산권을 침해할 요인이 있는 심각한 공적 사안을 상정하면서도 몰아붙이기 식으로 일방적으로 몰고 가려 했기 때문에 빚어지기도 했다. 이런 과정에서 대립과 갈등상황이 끊임없이 빚어졌던 것이다. 그렇기 때문에 경청의 자세를 갖추고 합의를 끌어내려는 중재자로서의 도시계획가가 절실한 시점이다. 진정한 공청회의 모습을 회복하기 위해서라도 말이다.

그렇다면 진정한 공청회의 모습은 어떤 것일까? 지금까지 우리나라에서는 공청회란 사람들이 특정 장소로 찾아가서 참석해야 하는 형태를 띠고 있다. 신문 등 언론매체의 광고면 어느 구석이나 인터넷 홈페이지의 어느 구석에 조그맣게 공지된 것을 찾아내서는, 잘 알지도 못하는 장소로 주민 스스로가 꾸역꾸역 찾아와야 하는 그런 공청회가 대부분이었다. 그렇기에 참여하는 방청인도 적을 뿐만 아니라 관심도 낮을 수밖에 없었다. 공청회 장소에 가보면 동원된 청중이나 방청인 몇 사람을 제외하곤 실질적으로 꼭 관심을 두고 참여해야 할 방청인은 거의 찾아보기 어려웠다. 이것은 주민 곁으로 찾아가는 공청회, 현장에서 열리는 공청회, 주민이 참여할 수 있는 시간대에 열리는 공청회가 존재하지 않았기 때문이다. 즉, 공청회는 주민이 일부러 특정 장소로 찾아와야 하는 그런 공청회가 아니라 주민의 마을로, 주민의 집 앞으로, **주민의 삶 속으로 들어가서 이뤄지는 공청회**가 되어야 한다. 글쓴이는 이와 같은 것을 1990년대 독일에서 보고 느끼며, 우리나라에 돌아와서는 '현장 속으로 찾아가는 공청회'가 중요하고도 중요하다고 관련된 회의가 개최될 때마다, 그리고 발언의 기회를 얻을 때마다 누누이 설파하여 왔다. 도시계획을 전공하는 학생들에게도 수업마다 "앞으로 자네들이 도시계획을 수행할 때는 주체적으로 이렇게 해야 하네" 하고 강조해왔다. 그 이유는 현장에서 열릴 때 주민이 힘 안 들이고 쉽게 참여할 수 있기 때문이다. 또한 시간대도 주민 대부분이 출근한 시간대가 아니라 퇴근하고 돌아오는 시간대, 그리고 하루 만에 해치우는 것 아니라 주말을 이용해 주민과 자유롭게 대화하고 만날 기회의 장을 열어놓는 공청회가 되어야 한다. 이것이 진정성 있는 공청회라고 볼 수 있다. 왜냐하면, 공청회를 통해 알려야 할 것은 바로 해당 주민의 재산권과 직결된 문제이기 때문이다. 바로 이런 형태를 갖춘 공청회를 개최하고자 할 때 언제나 열려 있는 경청의 자세를 갖게 될 것이다. '현장공청회', '찾아가는 공청회' 그 명칭이 어떻든 간에 도시계획가는 협의하기를 즐겨야 하며, 이러한 협의 속에서 합의점을 찾고, 그 합의점이 원만히 이루어질 수 있도록 중재의 능력을 발휘하는 전문가가 되어야 한다. 공청회를 통해 나타난 이러한 경청의 자세는 도시계획가의 눈높이가 주민과 맞춰져 있을 때 가능하다. 이때 어느 일방의 수직적 관계가 아닌 서로 수평적 관계 속에서 소통하거나 설득할 수 있으며, 이해도 나눌 수 있게 된다.

1.4.7 눈높이를 맞추는 인권보호자

언제나 가장 중요한 것은 가장 뒤에 놓아둔다. 가장 아끼는 것도 가장 끝까지 감춰둔다. 가장 맛있는 것도 가장 마지막에 가서야 한입 베어 먹는다. 물론 먹는 것만큼은 순서가 달라질 수도 있으니 예외로 할 수 있다. 어쨌거나 이처럼 중요하다는 말은 다른 말로 결정적 순간에 다른 모든 것은 다 무시하거나 잊어버리더라도 절대로 놓치지 말아야 하는 최후의 보루라는 의미이다. 도시계획가에게 있어서 가장 중요한, 바로 이 최후의 보루가 되는 것은 무엇일까? 글쓴이는 감히 '사람'이라고 주장하고 싶다. 사람이 계획의 대상이고, 사람이 계획의 척도이며, 사람이 계획의 기준이다. 어떤 종류의 계획을 수립하느냐에 따라 그 대상이 건강한 사람일 수 있고, 아픈 사람일 수 있다. 특정한 목적을 가진 시설을 계획할 때는 특정 계층, 즉 부유한 사람들로 국한될 수도 있고, 가난한 사람들로 국한될 수도 있다. 때로는 나이 든 사람들이 될 수 있고, 어린아이들이 될 수도 있다. 그러나 보편적으로 도시계획을 수행한다는 것은 그 계획의 수혜자가 특정 계층에 국한된 것이 아니라 '누구나everyone'가 되어야 한다는 것이다. 쉽게 말해 다중이용시설을 계획하고 설계했는데, 시설을 이용하는 과정에서 이런저런 장애 요인으로 이용대상이 제한된다면 그것은 제대로 계획이 이뤄졌다고 볼 수 없는 것이다. 보행에 불편을 느끼는 사람이 계단이 많아서 이용에 제한을 받는다면, 자가용 차량을 소유하지 못해서 특정 시설에 접근할 기회가 박탈되어버린다면, 공적 개발을 추진한다는 명분 때문에 가난한 자들의 재산권이 침해되어도 된다면, 어른의 눈높이에서 도시시설이 계획되고 설계되어 어린이들은 어른이 되기까지 기다려야만 한다면, 이것은 모두 정상적인 계획이라고 볼 수 없다. 건강한 사회가 구현된 것이라고도 볼 수 없다. 건강한 사회구조를 가진 나라일수록, 그리고 국토계획에 국가 예산을 건강하게 사용하려는 나라일수록 '**사회구성원 모두**'가 그 혜택을 받을 수 있도록 국토가 계획되고, 도시가 정비되어 있는 것을 발견한다. 거꾸로 말해 건강하지 못한 사회구조를 가진 나라일수록 특정 계층, 특정 소수에게 부와 국가적 편익의 편중이 심하다. 선진국이든 후진국이든 도시의 많은 토지를 거대자본이 소유하고 있다. 우리가 모르는 부지불식간에 도시는 거대자본의 도시가 되어 일반 불특정 다수의 시민은 그저 그 자본가의 돈놀이에 놀아날 수밖에 없는 불쌍한 존재처럼 되어버렸다. 비싸게 집을 공급하면 그저 비싸게 살 수밖에 없고, 특정 소수의 토지나 건물 소유주들이 자기네 건물부지라서 돌아가라고 하면 그저 돌아갈 수밖에 없는 빼앗긴 도시의 참여자로 살고 있다. 이런 나라에서 부자는 부에 겨워서 어쩔 줄을 모르는 동안, 가난한 자는 살아남기 위해 쓰레기더미를 뒤져야 하는 경우가 생기고, 부자 앞에서 비굴해져야 하는 사회가 되어 버린다. 우리가 후진국이라고 하는 나라의 대도시를 보면 그런 현상은 더욱 분명한 사례로 다가온다. 약자에게 있어서 모든 것은 약자 자신의 책임이고 그런 내가 해결해야 할 문제지 국가적 보호는 기대하기 어렵다. 도시계획도 그렇게 이분법적으로 이뤄지고 있다.

　이런 사회현상을 볼 때 도시계획가의 머릿속 가장 깊은 곳에는 무엇이 계획의 기준으로 서 있어야 하는지? 다시 고민하게 된다. 물론 앞서 말했듯이 '사람'인 것은 분명해졌다. 그렇다면 사람일지라도 누구도 소외되지 않은 모든 계층을 포괄하는 계획을 수립할 수 있도록 "계획의 중심에 가장 취약한 계층, 혹은 약자가 서 있도록 해야 하지 않겠는가?"라는 생각이 든다. 이것을 놓치면 계획은 원칙 없는 계획, 특정 소수만을 대변하는 계획, 보여주기 식의 계획으로 흐르기 십상이다. 따라서 계획의 출발점은 언제나 '약자'가 어떻게 하면 소외되지 않도록 할 것인가? 그리고 '약자'가 보호받는 중심에 설 수 있게 하려면 어떻게 할 것인가?에 놓여 있어야 한다. 즉, 어린아이가 마음껏 살아갈 수 있는 도시가 계획된다면 당연히 건장한 어른도 아무런 문제없이 살아갈 수 있는 도시가 될 것이다. 장애인이 아무런 문제없이 살아갈 수 있는 도시가 계획된다면 비장애인은 당연히 그 혜택을 누리고 살아갈 수 있다. 국토 및 도시계획과 관련된 국가예산을 집행할 때에도 국토의 불균형을 바로잡고 헌법이 보장한 기회 균등을 지역균형발전정책을 통해 달성해가고자 한다면, 그래서 대도시가 아닌 지방의 작은 지역에 살더라도 국민으로서 기회 균등의 혜택을 누릴 수 있다면, 국민은 어디에 가서 무엇을 하고 살든 동등한 행복을 누릴 수 있을 것이다. 이처럼 사람 중에서도 약자를 중심에 놓고 볼 때 우리는 어떤 계획의 주제를 마주하더라도 흔들리지 않는 원칙을 가질 수 있다.

그럼 도시계획가가 어떻게 할 때 사람 중심의 계획을 수행했다고 말할 수 있을까? 쉽게 말하기가 어렵다. 하지만 글쓴이가 주관적이나마 이를 실천했다고 느끼는 두 분을 소개하면서 사람 중심의 계획이 무엇인지 함께 느껴보고 싶다. 한 분은 지금은 이 세상 사람이 아닌 고 제정구 의원이며, 다른 한 분은 대구시 중구의 삼덕동 마을에 들어가 살며 마을재생을 이뤄낸 시민운동가 김경민 씨였다. 두 사람 다 도시계획이 직업인 전문가는 아니었다. 고 제정구 의원은 서울대를 다니던 시절 청계천에서 피복 노동자로 일하다 열악한 노동환경에 항거해 "근로기준법을 준수하라!"고 외치며 불꽃 속에 사라져간 고 전태일 열사의 시대적 아픔을 함께 느껴, 가난한 사람들을 위해 판자촌으로 들어가 '도시 빈민운동'이란 것을 시작하여 평생을 빈민운동가로 살았던 사람이었다. 가난한 이들이 사는 동네에 들어가 가난한 이들과 똑같이 되어 그 속에서 가난한 이들을 이해하고, 가난한 이들의 이해를 받으며 가난한 이들과 경기도 시흥에 '복음자리 마을'을 건설하기까지 가난을 이기도록 함께하는 빈민운동의 대부가 되었다.[31] 그 청년 제정구와 함께한 또 다른 분이 계셨으니, 그분이 푸른 눈을 가진 정일우 신부님이시다. 이 두 분의 가난한 이

---

[31] 도시계획가가 되고자 하는 사람들은 고 제정구 의원을 더욱 자세히 알 필요가 있다. 글쓴이는 매년 한 차례씩 내 수업을 듣는 젊은 미래의 도시계획가들이 그와 관련된 영상을 시청하며 마음가짐을 새롭게 하도록 한다. 고 제정구 의원과 관련된 영상은 〈인물현대사 제정구 편〉이라는 방송이 있었으며, 《가짐 없는 큰 자유》라는 본인이 쓴 책(학고재, 2000)을 참조하면 좋을 듯하다. 여기서 우리는 그의 삶과 삶 속에 나타난 도시재생의 실마리를 찾아낼 수 있을 듯하다.

들을 위한 순수한 사랑, 자기희생 그리고 의기투합은 가난하지만 빈곤하지 않은 마을 공동체와 마을 사람들을 엮어내는 구심점이 되었다. 글쓴이는 이분의 삶 속에서 이뤄진, 마을 구성원 모두와 함께 이뤄낸 계획들은 지금의 도시재생, 특히 마을재생의 시초라고 평가하고 싶다. 그리고 이러한 삶의 유형을 이어 써 내려간 또 다른 사례를 대구시 중구 삼덕동의 마을 만들기에서 느낄 수 있다.[32] 사회운동가 김경민 씨가 삼덕동 마을로 들어가면서 시작된 마을과 마을주민의 변화, 반신반의하던 주민들의 마음을 얻어가던 과정, 마음의 벽이 허물어지기 시작하던 과정 그러나 재개발이라는 광풍이 벼락부자라는 가면을 쓰고 밀려올 때 지금까지 쌓아왔던 모든 신뢰와 결속이 한순간에 무너져버리던 모습, 그런데도 소수의 흔들리지 않는 마을주민과 재개발의 광풍으로부터 마을을 지켜내고 마을의 공동체성을 지켜냈던 모습에서 진정으로 '사람'에게 눈높이를 맞춘 도시계획가의 모습을 발견한다. 그러나 이런 걸출한 두 분과 같은 계획가가 되기는 쉽지 않다. 완전히 나를 버릴 때 가능할 것 같은데 글쓴이도 그런 삶을 살지는 못하기 때문이다. 그렇다 할지라도 미리 포기하기는 이르다. 오히려 계획을 수립할 때마다 이분들처럼 눈높이를 아래에 맞추고 계획을 실천하려고 노력하는 도시계획가가 되고자 한다면 충분히 '사람'을 위한 계획, '약자'를 중심으로 하는 계획, '가난한 자'를 소외시키지 않는 계획을 수립할 수 있을 것이다. 물론 이렇게 눈높이를 낮추기는 쉽지 않다. 눈높이를 아래에 맞추려 할 때 많은 저항

32 　이와 관련된 자세한 내용은 《그들이 허문 것이 담장뿐이었을까: 대구 삼덕동 마을 만들기》(한울국토연구원 기획, 김은희·김경민 저, 한울, 2010)라는 책에 자세히 나타나 있다. 도시계획을 전공하는 사람이라면 놓쳐서는 안 될 책이라고 본다.

에 부딪히고, 고민해야 할 것도 늘어난다. 눈높이를 낮추다 보면 현장도 부지런히 돌아다녀야 한다. 발품을 팔고, 현장 속의 사람들이 느끼는 아픔을 같이 느껴보기도 해야 한다. 아니 함께 부대끼며 살아야 할지도 모르겠다. 무엇보다 돈도 많이 들 수 있다. 그렇다 할지라도 잊지 말아야 할 것이 있다. 도시계획가는 대부분 중앙정부나 지방정부와 같은 공공기관으로부터 공익을 목적으로 프로젝트를 위임받고 있다는 사실이다. 이것이 건축가들이 많은 경우 토지주로부터 사적 공간에 사적 이익을 창출할 수 있도록 건축설계 프로젝트를 제안받는 것과 대비되는 도시계획가의 특징이다. 이를 인식한다면 더욱 적극적으로 소외계층이 발생하지 않도록, 공익에 따른 혜택을 누구나 함께 누릴 수 있도록 공존과 공유의 가치를 존중하는 계획을 수립해야 할 것이다. 도시계획가가 되려면 '누구의 수준에서' 그리고 '누구를 위하여' 계획해야 할지를 항상 명심하면서 계획을 수립하는 사람이란 것을 잊지 말아야 한다.

우리는 '**사람 중심**'이라는 것을 '사람만을 위한 계획'으로 오해하지 않아야 한다. '사람 중심'을 자칫 잘못 오해할 때 인류의 생존과 번영을 위해 지구에 주어진 자원을 최대한 개발해도 된다고 여길 수 있다. 이 과정에서 함께 살아왔던 생명체를 멸종시키거나 남획하여도 그것은 불가피한 선택이었다고도 여길 수 있다. 실제로 수많은 사업가들과 개발업자들은 이런 방식의 개발을 일삼아왔다. 우리는 역사 속에서 이러한 개발의 실태를 수없이 목도해왔다. 그러나 이런 식의 왜곡된 '사람 중심'형 개발이 가져온 결과는 무엇인가? 진정으로 더 큰 번영과 인류의 행복이 찾아졌는가? 글쓴이는 감히 '아니다'라고 단언한다. 오히려 자연과 생명체의 훼손, 고갈 그리고 멸종은 인간의 생존에 더 큰 위협이 되었으며,

다가올 세대에게는 더 이상 회복할 수 없는 짐이요, 빚 덩이가 되었다. 그 단적인 사례를 기후변화에서 느끼지 않는가? 도시화의 진행에 따른 자연림의 훼손과 화석연료의 사용 증가에 따른 CO_2를 비롯한 다양한 대기오염 물질의 방출이 급증하면서 불과 지난 몇십 년간 인류는 오존층 파괴에 따른 질병 발생의 급증, 농작물 수확 감소, 해수면 상승에 따른 재앙, 기온 상승 등 생존의 위기를 맞고 있다. 인류는 이제 이러한 기후변화의 재앙을 해결하기 위해 온갖 심혈을 기울여야 하는 상황이다. 도대체 훼손할 때는 언제고, 이를 회복하겠다고 노력하는 것은 또 뭐란 말인가? 여기서 우리는 진정한 의미의 '사람 중심'은 지금의 나만을 생각하는 근시안적 태도가 아니라 다가올 세대가 살아갈 지구환경과 그들이 이용할 자원을 함께 생각하는 것이라고 말하고 싶다. 이러한 측면에서 '사람 중심'의 계획은 우리 인류의 터전인 지구가 다가올 세대에게도 동일한 삶의 터전이 되도록 지켜내며, 인류의 주변에서 인류의 삶을 복되게 만들어온 자연과 함께 공생할 수 있는 계획을 포괄한다.[33] 이것이 '사람 중심' 계획의 완성이다.

지금까지 이야기의 소재로 던졌던 일곱 가지 도시계획가의 모습도 모두 하나로 귀결된다. 과거와 현재를 자세히 돌아보는 것도 사람이 사는 공간이기 때문이며, 미래를 탐험하는 것도 사람이 편하고 쾌적하게 살여건과 환경을 만들어내려는 것이기 때문이며, 융·복합형 연구자가 되어야 하는 것도 더 나은 기술을 습득하여, 더 근본적 원리를 깨달아 사

---

33 여기서 암시하고 있는 '지속가능성(sustainability)'의 실제는 곧바로 이어지는 2장에서 새로운 각도로 자세히 살펴볼 것이다.

람들에게 행복을 찾아주려는 것이다. 털어낼 줄 알아야 하는 것도 사람들에게 더욱 쾌적한 환경을 만들어주려는 것이며, 협의를 거치는 것도 사람이 모든 계획의 중심에 놓여 있기 때문이다. 그런 의미에서 지금까지 논의된 도시계획가의 일곱 가지 모습을 다시 기억 속에 되살리면서 본 장을 마무리 짓고자 한다.

첫째, 과거와 현재를 자세히 돌아보고 접목하는 관찰자

둘째, 미래를 탐험하는 미래설계사

셋째, 다양한 학문 분야와 만나고, 다양한 분야를 아우르는 융·복합형 연구자

넷째, 근원을 살펴 합리적 판단을 내릴 수 있는 가치판단자

다섯째, 털어낼 줄 아는 비움의 예술가

여섯째, 협의를 거쳐 합의를 찾아내는 중재자

일곱째, 눈높이를 맞추는 인권보호자

여기서 잠깐, 지금까지 논의된 일곱 가지의 모습을 다 갖춘 계획가가 되려면 아마도 전지전능한 하느님의 수준은 아닐지라도 성인군자 즈음은 돼야 하지 않을까 하는 부담감이 밀려든다. "글쓴이가 도시계획가가 되려는 사람들에게 너무 무리한 요구를 하는 것 아니오?" 하는 아우성도 귓전을 때린다. "도대체 당신은 얼마나 대단하기에……. 그래 당신은 이렇게 다 지켰소?" 하는 소리도 들린다. 무엇보다 아무도 지킬 수 없는 도시계획가의 윤리헌장 같은 소리로 들리기도 한다. 물론 이 일곱 가지를 다 갖춘 도시계획가가 몇 명이나 있을지 의문도 든다. 하지만 이를 하나하나 떼어놓고 보지 말자. 떼어놓고 보면 최소한 어떤 하나만 갖추

고 있어서도 상당히 훌륭한 계획가가 될 수 있을 것 같다. 그런데 떼어 놓고만 볼 수 없는 것이, 한 가지 면에서 최선을 다하는 계획가의 가치 관을 갖고 출발하면, 그다음의 모습은 유기적으로 연결되어 있으며, 그리고 다시 다른 모든 부분에서 나의 자세를 달라지게 만드는 계기가 될 것이기 때문이다. 어쩌면 이를 통해 최소한 지금까지 도시계획가가 무의식중에 ―혹은 고집과 아집이 세서― 벌여왔던 실수나 오류를 줄여나 갈 수 있는 첫발이 내디뎌지면서 자연스럽게 일곱 가지의 모습을 두루 섭렵하는 진짜 남다른 계획가가 될 수 있을 것이기 때문이다.

제2장

계획가치,
도시계획이 실현하고자 하는 것은?

New York Manhattan의 Empire State Building에 걸려 있는 사진, 2010년 봄
여러분의 눈에 이 도시는 어떻게 느껴지나?

제2장

계획가치,
도시계획이 실현하고자 하는 것은?

　수많은 도시계획원리와 이론들이 등장해왔다. 사람들은 이 수많은 계획원리와 이론을 접하면서 과연 어떠한 판단을 내려왔을까? 세계의 수많은 계획가들이 계획한 세상에 살고 있으면서 사람들은 무엇을 도시계획의 성공적 결과물이라고 판정하고 있을까? 질문이 너무 거창한 것 같다. 그럼 좀 더 쉽게 풀어보자. 우리 사회에 살고 있는 사람들은 정부가 추진하는 국토계획, 도시계획, 주택정책 등에 대해 어떤 판단을 내리고 있을까? 성공적인 계획원리를 품은 좋은 정책이라고 볼 것인가, 아니면 형편없는 정책이라고 여길 것인가? 글쓴이는 이 장에서 이런 관점을 견지하면서 **지속가능성의 원리**principle of sustainability를 중심에 놓고 도시계획가들이 실현하고자 했던 것이 무엇인지, 어떤 면에서 성공적이고 어떤 면에서 부족한지를 살펴보고자 한다. 그 이유는 지속가능성의 원리야말로 우리가 지구라는 집에 살고 있음을 가장 잘 드러내고 있으며, 지속가능성으로부터 수많은 실행원리가 도출되어왔다고 판단하기 때문이다. 또한 여기에서 도시계획이 가치중립적이어야 하는지 아닌지도 자세히 살펴볼 수 있으리라.

2.1 '지속가능성', 도시계획가들이 이루려는 도시계획이론 중에서도……

시대가 지나면서 도시계획가들이 제시해왔던 계획이론은 시대적 요구에 발맞춰 끊임없이 변해왔다. 아주 단순히 말해서 인간이 가난에서 벗어나야 한다는 신념에 기초해 생겨난 모형과 이론만 보더라도 프랑수아 페로Francoise Perroux(1903-1987)의 성장거점이론Growth Pole Theory과 존 프리드먼John Friedmann(1926-2017)의 지역개발이론Core-Periphery Model을 들 수 있으며, 조금 먹고 살 만한 사회가 되었을 때는 남들보다 더 잘 먹고 잘 살 수 있게 해준다는 이론으로 혁신이론Diffusion of Innovations, 입지이론Location Theory, 집적 경제Agglomeration Economy, 첨단산업도시 구상Techno-polis Model, 도시네트워크이론Urban Network Theory 등이 등장하였다. 그리고 이러한 시대를 지나 첨단산업이 발달한 사회에 이르러서는 효율성을 극대화하려는 관점에서 최첨단도시를 지향하는 유비쿼터스 도시 모형Ubiquitous City Model이 만들어지기도 하였다. 그러나 이러한 계획이론이나 모형 중에는 특정한 시대에, '경제와 기술'이라는 주제에 몰입하여 사회문제를 바라보는 데 치중하다 보니 우리 사회에 맞지 않는 것도 있었고, 또 그 시대가 지나버린 오늘날의 사회에는 더 이상 쓸모없어 보이는 것도 있다. 이 외에도 자체모순을 지니고 있는 이론도 있다. 하지만 지속가능성의 원리만큼은 다른 각도에서 바라보아야 할 가치가 있다. 그 이유는 우리가 모두 살고 있는 지구Globus for living generation 전체와 오늘날의 우리만이 아닌 앞으로 다가올 미래세대로서의 인간Human beings as coming generation 전체를 대상으로 다루고 있기 때문이다. 즉, 지속가능성은 지구 위에서 일어나고 있는 인간의 삶과 관련된 모든 행위를 지속가능하도록 하는 원리에 따라 다루고 있기 때문에 누구에게나 다 적용될 수 있는 보편적 속성을 지니고 있고, 언제나 우리가 맞닥뜨리게 되는 일상의 문제와 깊이 결부되어 있다. 그렇기에 도시계획가들은 더욱 관심을 두고 살펴보고 더 개선할 필요성까지 찾아야 한다.

이런 관점에서 "지속가능성은 어떻게 탄생하였으며, 도시계획가들에게 왜 그리 중요한 개념일까? 그리고 지속가능성으로부터 파생되는 계획원리에는 무엇이 있을까? 하지만 계획원리가 새롭게 파생되고 있지만 여전히 놓치고 있는 문제는 근본문제는 무엇일까?"라는 세 가지의 의문점을 놓고 지속가능성의 개념을 하나씩 파헤쳐 들어가 보고자 한다.

2.1.1 지속가능성은 어떻게 탄생하였으며, 왜 도시계획가들에게 중요한 개념일까?

지속가능성이라는 개념의 탄생을 설명하려면 이미 1972년 로마클럽club of Rome이 발간한 "성장의 한계The Limits to Growth"라는 보고서를 빼놓을 수가 없다.[1] 1968년 이탈리아 로마에서 '인류의 미래를 위한 일상적 관심을

---

[1] 《성장의 한계》(김병순 역, 갈라파고스, 2012)라는 제목 그대로 한글 번역된 책이 있다. 2004년 출간된《Limits to Growth: The 30-Year Global Update》를 번역한 것이다. 이를 접하니 글쓴이가 1990년대 유학시절 그 어려운 독일어로 며칠을 밤새가며 단어를 찾고 찾아 읽어 내리던《성장의 한계》제1판보다 더 쉽고 뚜렷이 머릿속에 들어오는 느낌이다.

함께 나누려는 세계시민들의 조직a group of world citizens, sharing a common concern for the future of humanity'이라고 자신들을 소개하며 결성된 로마클럽은 경제문제를 포함한 인류가 직면하고 있는 다양한 세계적 이슈들을 광범위하게 다뤄보고자 하였다.https://en.wikipedia.org/wiki/Club_of_Rome 그리고 1972년 발간된 보고서 '성장의 한계'는 지구상에 있는 유한한 자원을 놓고 기하급수적인 경제성장과 인구증가의 관계를 컴퓨터 시뮬레이션으로 보여주고 있다. 그리고 세 가지의 시나리오를 설정하며 인간의 행태가 바뀌지 않는 한 21세기 중반에 이르러서는 지구 시스템의 붕괴라는 위기를 맞이할 수 있음도 경고하고 있다. 물론 이러한 가설이나 시나리오의 설정에 대해 상당한 비판이 일기도 하였으나, 이때부터 인류와 지구의 상호교류, 즉 지속가능한 개발의 필요성에 대한 절대적 메시지가 던져졌다고 볼 수 있다. 그리고 마침내 1987년 세계환경개발위원회WCED : World Commission for Environment and Development2에서 발간된 "우리 공동의 미래Our Common Future"라는 제목의 활동보고서3가 '지속가능한 개발Sustainable Development'이라는 개념을 세상의 무대에 던져놓게 된다. 이 지속가능한 개발이라는 개념은 '미래 세대가 그들의 필요를 충족시킬 능력을 저해하지 않으면서 현재 세대

---

2   이 위원회는 브룬트란드 위원회(Brundtland Commission)라고 더 잘 알려져 있는데, 그 이유는 노르웨이의 수상이자 세계보건기구의 사무총장이었던 브룬트란드(Gro Harlem Brundtland, 1939-)가 당시 이 위원회의 위원장을 맡고 있었기 때문이기도 하며, 환경보전과 빈곤타파, 성평등, 부의 재분배와 같은 사회문제를 극복하기 위해 인적 자원에 대한 교육이 절실하며, 우리가 살고 있는 지구를 위기로부터 지켜내기 위해 환경보전이 절실하다는 논리를 세계적인 정치이슈로 부각시켜 다루도록 강경한 입장을 취하였기 때문이기도 하다.

3   'Our Common Future'를 원문으로 읽고 싶은 사람은 Oxford University Press에서 1987년 출간된 서적이나 인터넷에서 Our Common Future를 쳐보면 UN에서 제공하는 pdf 파일을 찾아 읽을 수 있을 듯하다. 우리말로 자세히 읽어보고 싶다면 번역본 《우리 공동의 미래》(조형준·홍성태 역, 새물결, 2005)도 도움이 될 듯하다.

의 필요를 충족시키는 발전development that meets the needs of the present without compromising the ability of future generations to meet their own needs'이라고 정의되는데, 지금은 너무나도 잘 알려진, 그 누구도 쉽게 거부할 수 없는 개념이지만, 20세기 말엽 그 개념의 등장은 온 인류의 사회를 뒤흔드는 엄청난 파문이요, 도전이었다. 그 이유는 환경의 문제를 세계 모든 나라의 수반들이 다루지 않으면 안 될 정치적 이슈의 중심으로 끌어들였기 때문이다.

이 보고서에 나온 내용 중 가장 핵심적 사항은 세계 각국의 정치적 영향력이 큰 인사들을 모아 지속가능발전위원회 CSD : UN Commission on Sustainable Development를 구성하는 것이었으며, 의제 21Agenda 21의 초안에 해당하는 환경문제를 개발문제와 연동시키는 것이었다. 즉, 부국과 빈국의 협력이 없이는 결코 풀어낼 수 없는 지구의 운명, 인류의 운명, 다가올 세대의 운명과 직결한 하나의 지구 위에 함께 살고 있는 인류 전체의 공통 관심사요, 모두가 함께 책임지고 해결해야 할 과제로 만든 것이다. 이러한 결연한 의지는 브룬트란드가 직접 쓴 보고서의 서문에서 확실하게 발견할 수 있다. 그 일부를 원문 그대로 발췌해 실어본다. 그리고 뒤이어 글쓴이가 조금 이해하기 쉽게 풀어본 의역을 달아본다.

······ When the terms of reference of our Commission were originally being discussed in 1982, there were those who wanted its considerations to be limited to 'environmental issues' only. This would have been a grave mistake. The environment does not exist as a sphere separate from human actions, ambitions, and needs, and attempts to defend it in isolation from human concerns have given the very word 'environment' a connotation of naivety in some political circles. The word 'development' has also been narrowed by some into a very limited focus, along the lines of 'what poor nations should do to become richer', and thus again is automatically dismissed by many in the international arena as being a concern of specialists, of those involved in questions of 'development assistance'.

But the "environment" is where we all live; and 'development' is what we all do in attempting to improve our lot within that abode. The two are inseparable. Further, development issues must be seen as crucial by the political leaders who feel that their countries have reached a plateau towards which other nations must strive. Many of the development paths of the industrialized nations are clearly unsustainable. And the development decisions of these countries, because of their great economic and political power, will have a profound effect upon the ability of all peoples to sustain human progress for generations to come.

Many critical survival issues are related to uneven development, poverty, and population growth. They all place unprecedented pressures on the planet's lands, waters, forests, and other natural resources, not least in the developing countries. The downward spiral of poverty and environmental degradation is a waste of opportunities and of resources. In particular, it is a waste of human resources. These links between poverty, inequality, and environmental degradation formed a major theme in our analysis and recommendations. What is needed now is a new era of economic growth–growth that is forceful and at the same time socially and environmentally sustainable.

Due to the scope of our work, and to the need to have a wide perspective. I was very much aware of the need to put together a highly qualified and influential political and scientific team, to constitute a truly independent Commission. This was an essential part of a successful process. Together, we should span the globe, and pull together to formulate an interdisciplinary, integrated approach to global concerns and our common future. We needed broad participation and a clear majority of members from developing countries, to reflect world realities. We needed people with wide experience, and from all political fields, not only from environment or development and political disciplines, but from all areas of vital decision making that influence economic and social progress, nationally and internationally.

......

But first and foremost our message is directed towards people, whose well being is the ultimate goal of all environment and development policies. In particular, the Commission is addressing the young. The world's teachers will have a crucial role to play in bringing this report to them. If we do not succeed in putting our message of urgency through to today's parents and decision makers, we risk undermining our children's fundamental right to a healthy, life-enhancing environment. Unless we are able to translate our words into a language that can reach the minds and hearts of people young and old, we shall not be able to undertake the extensive social changes needed to correct the course of development. ······

출처 : Our Common Future, 1987, Report of the World Commission on Environment and Development, United Nations

······ 1982년 처음 우리 위원회의 위임사항이 논의되었을 때, 오직 '환경 안건'에 국한하여야 한다고 생각한 분들이 많았습니다. 만약 그랬다면 이는 중차대한 실수를 범하는 것이었을 겁니다. 환경은 인간의 행동, 야망 및 욕구와 동떨어진 영역으로 존재하지 않습니다. 그렇기에 인간의 관심사와 별개로 환경안건을 변호해보겠다는 정치권의 시도들은 환경이라는 단어를 세상물정 모르는 천진난만함을 내포하는 것으로 만들어버렸던 것입니다. 개발이라는 단어 역시 일부 정치세력에 의해서 가난한 나라들이 그저 부유해지려고 행하는 것이라는 맥락에서 다루어지지도록 그 초점을 매우 제한된 범주로 좁혀 버렸습니다. 결국 이것은 다수 정치세력에 의해서 너무도 자연스럽게 국제무대에서 '개발원조'라는 사항에 종사하는 사람들에게나 아니면 전문가들만이 다루면 될 것으로 일축해버리기에 이르렀던 것입니다.

그러나 '환경'은 우리의 삶이 펼쳐지는 곳이며, '개발'은 우리의 거주지를 포함한 모든 토지를 향상시키려고 시도하는 행위입니다. 그렇기에 이 둘은 서로 떼어서 볼 수 없습니다. 나아가 개발문제는 결정적으로 이미 목표를 달성한 국가의 정치지도자들에게 그렇지 못한 다른 국가들은 여전히 심혈을 기울여 향하고 있는 지향점이라고 느껴지도록 할 필요가 있는 것입니다. 산업화한 국가가 밟아온 수많은 개발 경로가 분명히 지속가능하다고 볼 수만은 없습니다. 그런데도 이들 국가의 개발 결정은 그들의 경제적으로나 정치적으로 엄청난 힘 때문에 다가올 세대에 이르기까지 인류의 진보를 지속하려는 모든 사람의 능력에 커다란 영향을 미칠 것입니다.

수많은 생존 관련 이슈는 심각할 정도로 불평등 개발, 빈곤 및 인구 증가와 관련이 있습니다. 그들 모두는 지구라는 행성의 토지, 수역, 삼림 및 기타 천연자원에 대해 개발도상국이라 할지라도 예외 없이 전례 없는 압박을 가하고 있습니다. 빈곤과 환경적 악화를 더욱 심각하게 만드는 하강곡선[4]은 기회와 자원에 대한 낭비입니다. 특히 이것은 인적 자원에 대한 낭비입니다. 빈곤, 불평등 및 환경 악화 사이의 이러한 연결고리는 우리의 분석 및 권고 사항에 있어서 핵심 주제가 되었습니다. 현재 필요한 것은 새로운 경제 성장 시대의 도래, 즉 힘찬 성장이 이뤄지면서 동시에 사회적으로 그리고 환경적으로 지속가능한 성장이 이뤄지는 시대를 맞이하는 것입니다.

우리의 업무 범위에 대해 그리고 넓은 시야를 가질 필요성 때문에, 저는 진정으로 독립적인 위원회를 구성하려고 한다면, 고도의 자격을 갖추고 영향력이 있으며 정치적이면서도 과학적인 팀을 이룰 필요성이 있다고 깊이 인식하고 있었습니다. 이것은 프로세스를 성공적으로 이끌기 위해 필수적인 부분이었습니다. 더불어 우리는 범지구 차원으

---

4 하강곡선이란 글쓴이가 'downward spiral'을 번역한 것으로, 위키너리(wikinary)는 악순환보다 더욱 부정적 의미를 띠는 일련의 행위나 생각으로 정의하며, 도시사전(urban dictionary)은 더욱 구체적으로 다음과 같은 표현을 쓰고 있다. "This term describes a depressive state where the person experiencing the downward spiral is getting more and more depressed, perhaps due to causes unknown. It is called a downward spiral because there is no way to stop it, it's just going to get worse and worse... until the person crashes, and maybe finds their way back to happiness" (http://www.urbandictionary.com/define.php?term=downward%20spiral).

로 임무의 영역을 넓히고, 지구적 관심과 공통의 미래에 대한 통합적이고 융·복합적인 학제 간 접근방법을 개발하기 위해 함께 노력해야 했습니다. 우리는 세계 현실을 반영하기 위해서 개발도상국의 광범위한 참여와 분명한 절대다수의 회원국이 필요했습니다. 우리는 광범위한 경험을 가진 사람들과 환경이나 개발 및 정치 분야뿐만 아니라 국가적으로나 국제적으로 경제 및 사회적 진보에 영향을 미치는 중요한 결정을 내리는 모든 분야에서 모든 정치 분야의 사람들이 필요했습니다.

......

그러나 무엇보다 먼저 우리의 메시지는 모든 환경 및 개발 정책의 궁극적 목표인 사람들을 향하는 것입니다. 특히, 위원회는 젊은이들에게 초점을 맞추고 있습니다. 이 '세상의 선생님들'은 젊은이들에게 이 보고서를 전달하는 중요한 역할을 담당할 것입니다. 만약 우리가 오늘날의 부모와 의사 결정권자에게 이 긴급함의 메시지를 전달하지 못한다면, 우리는 우리 자녀가 건강하게 살고 삶을 증진하는 환경에서 살아갈 근본적 권리를 허물어뜨리는 위기에 빠지게 할지도 모릅니다. 만약 우리가 우리의 말을 젊은 세대와 나이 든 세대의 마음과 정신에 공감할 수 있는 언어로 바꿀 수 없다면, 개발과정을 수정하도록 요구해온 광범위한 사회적 변화에 첫발을 뗄 수도 없을 겁니다. ......

이때를 기점으로 유엔 산하의 지속발전위원회는 세계 각국에 중앙정부, 지방정부로 이어지는 지속발전위원회의 구성으로 이어졌고, 이에 따른 실행계획 의제 21Agenda 21을 짜기 위한 활동으로 이어졌다. 여기서 우리는 그 유명한 명제인 '생각은 지구 차원에서, 행동은 현장에서Think Globally,

Act Locally'를 만나게 된다.[5] 그리고 마침내 1992년 브라질의 리오 데 자네이로에서 개최된 유엔환경개발회의UN Conference on Environment and Development에서 21세기를 위한 행동강령 '의제 21'이 173개국의 국가수반이 모인 가운데 채택되기에 이른다. 그리고 후속 행동으로 1995년부터 기후변화 문제를 다루기 위해 매년 유엔기후변화회의UNFCCC : United Nations Framework Convention on Climate Change가 개최되고 있다. 그중 1997년 일본 교토에서 선진국을 우선 대상으로 CO_2방출 등 대기환경을 교란할 수 있는 각종 온실기체의 방출을 제한하여 지구 온난화를 억제하도록 온실기체 배출감축의무를 지정한 교토의정서Kyoto Protocol가 채택된 유엔기후변화협약The United Nations Framework Convention on Climate Change[6]과 2015년 프랑스 파리에서 미국, 중국, 브라질, 인도와 같이 과거 이 협약에 참여하기를 거부하였던 탄소배출 거대국들이 협정에 동의한 유엔기후변화회의The 2015 United Nations Climate Change Conference, COP 21 or CMP 11는 가장 괄목한 성과로써 인류의 자산인 지구를 지키기 위한 쾌거라고도 볼 수 있다.

이러한 맥락에서 지속가능개발은 도시계획가들에게도 지대한 영향을

---

5   이 명제를 최초로 부각시킨 사람은 스코틀랜드의 마을계획가이자 사회운동가인 생물학자 패트릭 게데스(Sir Patrick Geddes, 1854-1932)로 알려져 있다. 직접 같은 표현을 쓰지는 않았으나 1915년에 출간된 그의 책《City in Evolution》에서 개념을 발견할 수 있다. "Local character' is thus no mere accidental old-world quaintness, as its mimics think and say. It is attained only in course of adequate grasp and treatment of the whole environment, and in active sympathy with the essential and characteristic life of the place concerned" (Geddes, Patrick, 1915. Cities in Evolution. London: Williams. p.397.)

6   교토의정서(Kyoto Protocol)에는 의무감축국의 온실가스 저감 활동 비용 부담을 완화하기 위해 시장 기반 메커니즘인 '교토메커니즘(Kyoto flexible mechanism)'이 제시되고 있다. 교토메커니즘은 탄소배출권거래(ET : Emissions Trading), 청정개발체제(CDM : Clean Development Mechanism), 공동이행 제도(JI : Joint Implementation)로 이루어져 있으며, 이 중 탄소배출권거래(Emissions Trading)는 온실가스 배출 권리인 '탄소배출권(CERs : Certified Emission Reductions)'을 시장에서 사고파는 행위를 의미한다.

미치는 중차대한 개념으로 등장하고 있다. 2015년 유엔에서 채택된 지속가능개발의 17대 목표만 보더라도 이것이 도시계획의 행위와 결코 분리될 수 없는 사항임을 알 수 있다. 17대 목표를 소개하면 다음과 같다.[7]

1. 모든 곳에서 모든 형태의 빈곤 종식No Poverty
2. 기아 종식, 식량 안보와 영양 개선 달성 및 지속가능한 농업 진흥 Zero Hunger
3. 모든 연령층의 모든 사람을 위한 건강한 삶 보장 및 복리 증진 Good Health and Well-being
4. 포용적이고 공평한 양질의 교육 보장 및 모두를 위한 평생학습 기회 증진Quality Education
5. 양성평등 달성 및 모든 여성과 소녀의 권익 신장Gender Equality
6. 모두를 위한 물과 위생의 이용가능성 및 지속가능한 관리 보장 Clean Water and Sanitation
7. 모두를 위한 저렴하고 신뢰성 있으며 지속가능하고 현대적인 에너지에 대한 접근 보장Affordable and Clean Energy
8. 모두를 위한 지속적이고 포용적이며 지속가능한 경제성장 및 완전하고 생산적인 고용과 양질의 일자리 증진Decent Work and Economic Growth
9. 회복력 있는 사회기반시설 구축, 포용적이고 지속가능한 산업화 증진 및 혁신 촉진Industry, Innovation and Infrastructure
10. 국가 내 및 국가 간 불평등 완화Reduced Inequalities

---

7 원문과 달리 한글은 조금 더 자세한 설명을 달고 있다. 위키백과를 참조하여 인용한 것으로 원문에서 전달하고자 의도했던 뜻이 분명해진 듯하다. (https://ko.wikipedia.org/wiki/) 2017년 8월 18일 검색

11. 포용적이고 안전하며 회복력 있고 지속가능한 도시와 정주지 조성Sustainable Cities and Communities

12. 지속가능한 소비 및 생산 양식 보장Responsible Consumption and Production

13. 기후변화와 그 영향을 방지하기 위한 긴급한 행동의 실시Climate Action

14. 지속가능개발을 위한 대양, 바다 및 해양자원 보존 및 지속가능한 사용Life Below Water

15. 육상 생태계의 보호, 복원 및 지속가능한 이용 증진, 산림의 지속가능한 관리, 사막화 방지, 토지 황폐화 중지, 역전 및 생물다양성 손실 중지Life on Land

16. 모든 수준에서 지속가능개발을 위한 평화롭고 포용적인 사회 증진, 모두에게 정의에 대한 접근 제공 및 효과적이고 책임 있으며 포용적인 제도 구축Peace, Justice and Strong Institutions

17. 이행수단 강화 및 지속가능개발을 위한 글로벌 파트너십 활성화 Partnerships for the Goals

이러한 목표에 부합한 도시계획의 원칙, 원리 그리고 방법론만 살펴 보더라도 20세기 말엽부터 봇물 터지듯 터져 나오고 있다. 주로 미국을 중심으로 이론과 개념들이 생겨나는데, 이는 미국인들이 유럽인들의 역사와 전통적인 삶의 양식을 보거나 부러워하면서 만들어낸 것과 자신들이 살아온 대량생산과 자원의 과소비, 자가용 이용 중심 그리고 거대도시 개발과 같은 삶의 양식을 반성하면서 만들어낸 것이 많다는 느낌을 받는다. 물론 유럽인들이 신자유주의적 발상으로 가득 찬 미국적 사고 방식과 행태에 저항하면서 유럽 고유의 전통을 지켜내고자 Slow City Movement[8] 같은 개념도 만들었지만 말이다. 어쨌든 그러한 이론과 개념들을 원어 그 자체로 소개하면 다음과 같다.

Smart Growth, Growth Management, New Community Design, Resource Stewardship, Land Preservation, Preventing Urban Sprawl, Creating Sense of Place, Development Best Practices, Preservation Development, Sustainable Transport, Mixed Land Use, Compact City, Circles of Sustainability, Community Preservation Act, New Pedestrianism, New Urbanism, Planned Community, Principles of Intelligent Urbanism, Slow City Movement, Traditional Neighborhood Development, Transit-oriented Development, etc.[9]

이렇게 파생된 도시계획의 원리들만 살펴보더라도 도시계획가들이 지속가능개발로부터 얼마나 엄청난 영향을 받고 있으며, 얼마나 큰 부담감 속에 책임감을 느끼고 있는지 확인할 수 있다. 이것이 우리가 함께 살고 있는 지구, 앞으로 우리의 자녀들이 함께 살아갈 지구를 생각하고 지켜나가려는 도시계획가의 자세이다. 그런데도 지속가능성의 원리는

---

8   1999년 이탈리아 투스카니 지역의 그레베 인 키안티(Greve in Chianti) 시장이 우리의 전통적인 식생활과 음식문화를 지키겠다며 미국식 패스트푸드점의 입점을 저항하면서 시작된 운동이다. 이탈리어로 치타슬로우(Cittaslow)라고 하며, 이것이 세계적으로 확산되어 음식을 넘어 느림의 도시(Slow City)를 만들어나가며, Slow Tourism, Slow Money, Slow Fashion, Slow Education 등 다양한 운동이 전개되어 오고 있다. (www.cittaslow.org), 2017년 8월 10일 검색.

9   이 각각의 개념에 대한 설명은 생략하도록 하겠다. 왜냐하면 영문 위키피디아(wikipedia) 웹사이트(https://en.wikipedia.org/wiki/Main_Page)를 참조하면 충분히 신뢰할 만하며, 가장 최신에 해당하는 자료를 손쉽게 만날 수 있기 때문이다. 또한 글쓴이가 이 책에서 모든 사조를 다 소개하려고 욕심을 부리기에는 능력이 충분하지 못하기 때문이기도 하다.

여전히 자체적 모호성 때문에 다양한 이해관계자들로부터 공격을 받고 있다. 지속가능성의 세 가지 핵심요소가 '경제성, 사회성 그리고 생태환경성'이며, 기본적인 작동원리는 이들이 힘의 균형을 유지하며 지속가능하게 공존하는 것이라는 사실은 누구나 잘 알고 있다. 그런데 이를 유지하려다 보면 경제적 성장은 사회성과 생태환경성에 의해 끊임없이 억눌리게 되고 침해를 받게 되니, '지속가능한 **성장**'도 보장받을 수 있도록 해 달라는 주장이 제기되고 있다. 과연 도시계획가라면 이것을 어떻게 받아들여야 할 것인가?

2.1.2 지속가능성이 여전히 놓치고 있는 마지막 담론은?

이 지속가능성의 개념이 등장한 지 벌써 30여 년이 다 되어 간다. 그런데도 여전히 성장론자들은 끊임없이 논란을 제기하고 있다. 경제적으로 지속가능한 성장을 보장하라는 것이다. 단순히 논리만 놓고 보면 틀린 말이 아닌 듯하다. 그러나 그들이 주장하는 논의의 방점은 성장에 놓여 있는 것이다. 즉, 성장이 지속할 수 있도록 해야 한다는 의견이다. 하지만 지속가능한 성장이 추구하는 가장 기본적 취지는 생태환경을 교란하거나 훼손시키지 않는 범위 내에서, 즉 생태성, 경제성 그리고 사회성이 힘의 균형을 맞추며, 삼자가 지속적으로 성장하도록 한다는 뜻이다.

지속가능한 상태란 찌그러진 비대칭 삼각형이 아닌 완전히 정삼각형을 이룬 상태를 말하며, 소위 '지속가능성의 매직 트라이앵글Magic Triangle of Sustainability'이라고 부른다. 이때 각 변의 길이와 꼭짓점의 각이 동일하

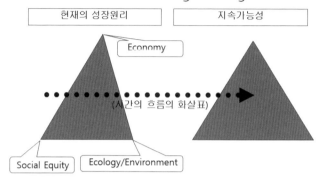

지속가능성의 Magic Triangle

현재의 성장원리 | 지속가능성

Economy

(시간의 흐름의 화살표)

Social Equity | Ecology/Environment

다는 것은 서로 밀고 당기는 힘이 완전한 균형을 이뤘으며, 상호견제의
균형이 성취되었다는 것을 의미한다. 이 균형의 원리를 간과하거나 무
시할 때 심각한 왜곡이 빚어진다. 즉, 나의 성장은 타他의 성장을 저해하
는 요소로 연동되어 있기 때문에 나만의 성장, 혹은 영향력의 힘을 발산
해서는 안 된다는 것이다. 좀 더 이해하기 쉽게 말해 불완전한 매직 트
라이앵글은 다리길이가 다른 삼발이 식탁이라고 볼 수 있다. 다리 길이
가 하나라도 길거나 짧으면 어떤 그릇도 제대로 올려놓을 수 없다. 그릇
에 국물이 들어 있다면 흘러내리거나 쏟아져 내릴 것이다. 즉, 식탁 기
능 자체가 불가능하다. 그러니 지구상에서 이 삼발이 기능이 일그러진
채로 문제들이 발생하고 있다면, 이는 얼마나 심각한 상황에 다다르겠
는가? 경제성이 주장하는 자기중심적인 논리만 보더라도 얼마나 타他에
해당하는 사회성과 생태성에 부정적 영향을 끼쳤으며, 희생을 강요하거
나 훼손시키는 억지가 될 수도 있겠는가? 그런데 1972년《성장의 한계
Limits to Growth》라는 책이 출간된 이후 40년이 훌쩍 지났음에도 그들의

경고가 무색하게 여전히 세계의 생태계는 붕괴하고 있고, 지하수면은 낮아지고 있으며, 이에 따라 육지에서는 사막화가 진행되고, 토양침식이 진행되고 있으며, 생물 종들도 서식처를 잃어 멸종의 위기에 시달리고 있다. 원시림의 훼손과 개펄의 사라짐은 신선한 공기를 만들어낼 가능성을 잃게 만드는데, 대기오염물질의 배출은 늘어나면 늘었지 줄어들 기세를 보이지 않고 있다. 그리고 지구상의 기온상승은 여전히 진행되고 있다. 왜 이런 상황이 만연하고 있을까? 글쓴이는 지속가능성의 원리가 너무나도 모호하고, 여전히 경제적 성장주의자들에게 휘둘리고 있으며, 생태성이나 사회성의 요소는 예나 지금이나 수세적이거나 방어적 차원에서 견해를 개진하고 있기 때문이라고 본다. 이런 상황을 직시한다면 앞서 성장 중심적 사고에서 비롯된 '지속가능한 성장'이라는 논란에 쐐기를 박는 논의로 지속가능성의 개념을 더욱 도전적으로 정의 내려야 할 시점이 다가왔다고 본다.

방금 밝혔듯이 글쓴이는 지금까지 통상적으로 쓰인 지속가능성의 정의가 소극적이고 자기방어적 발자국에서 더 나가지 못했기 때문에 여러모로 공격을 받아왔다면, 그래서 앞으로 지속가능성이 정말 지속가능할 수 있으려면, 나아가 지금까지 보아왔던 생태환경의 끊임없는 훼손과 재생 불가능한 자원의 고갈을 막으려면, **적극적인 의미의 정의**가 필요하다. 즉, 지금까지 사용되어온 정의 —'미래 세대가 그들의 필요를 충족시킬 능력을 저해하지 않으면서 현재 세대의 필요를 충족시키는 발전 development that meets the needs of the present without compromising the ability of future generations to meet their own needs'— 에서 '미래 세대의 필요를 충족시킬 능력을 저해하지 않으려면'이라는 표현을 종식시키고, '현재 세대가 **미래 세대로부터** 빌려온 것을 이용하고 있음'을 인식하도록 의식전환에 도전하는 것이 필요하다. 다시 말해 '빌려왔다borrow'는 사실을 깊이 인식해야 한다는 것이다. 지금까지는 이 인식이 부족했거나 어쩌면 결여되어 있었다. 빌려왔다고 한다면, 우리는 원래의 것 ―예를 들어 원금― 만 돌려줘서는 안 된다. '이자'를 쳐서 돌려줘야 한다. 왜냐하면, 시간이 지남에 따라 물건에 대해서는 감가상각이 발생하고, 화폐에 대해서는 가치하락이 발생하기 때문이다. 이를 간략한 공식으로 표현해보면 다음과 같다.

상환 = 원금 + 이자 Repayment = Principal + Interest,
여기서, 이자에 대한 이율은 상환조건에 달려 있다.
here, the rate(%) of Interest depends on the condition of repayment

즉, 상환조건을 결정짓는 이자율은
1. 기간이 얼마나 되냐How long the time period of borrowing is?에 따라 달라질 수도 있으며,
2. 빌려온 사람―예를 들어 국가, 기업 등― 의 신용도가 얼마나 높냐 How high the credit ratings are?에 따라 달라질 수도 있다. 또한,
3. 빌려오는 것이 얼마나 소중하고 희소성이 높냐How precious or high the scarcity value is?에 따라서도 달라질 수도 있다.

그런데 지금까지 아무도 유한자원, 재생 불가능한 자원에 대해 이러한 인식을 하고 있었거나, 논의하지 않았다. 이미 인간사회에 '시장'이라는 교환의 장소가 생겨난 이래, 그리고 모든 상거래 활동이 이루어진 이래 이러한 원리를 늘 쓰고 있었음에도 유독 생태나 환경을 다루는 분야

에서는 이런 논의가 터부taboo시 되어온 듯하다. 이러한 구체적 행동규약이 마련되지 않는 이상, 지금까지 내려진 정의는 미래 세대에게 정확한 정보를 제공하지 않고 나의 욕구를 충족시켜온 말장난이나 속임수가 될 것이 뻔하다. 그렇기 때문에 이러한 논의는 환경과 생태분야에서도 조속히 시작되어야 한다. 나아가

4. 어디에다가 이 이자를 지급해야 하는지?To where to repay the interest
5. 어떠한 방식으로 이자를 지급해야 하는지?How to repay the interest

까지 포함된, 최소한 이 다섯 가지를 제안하면서, 이에 대해서 깊이 있는 논의와 연구 활동이 여러 전공 분야의 학자들을 통해서 이뤄져야 할 것이다. 어쩌면 개별 연구뿐만 아니라 《성장의 한계》에서 이루어졌듯이 다양한 분야의 계획가들이 함께 모여 융·복합적 관점에서 공동연구를 진행하는 것도 필요할 수 있다. 이것이 진정한 의미에서 지속가능성과 관련된 논란에 종지부를 찍고 담론의 종착역에 다다르려는 행보가 아닐까 생각한다. 자원 고갈의 위기에 직면하거나 고갈이 되고 나서 이런 논의를 시작한다면 이것은 돌이킬 수 없는 재앙에 이미 빠져든 뒤가 될 것이다. 물론 고갈되지 않도록 인류의 생산과 소비패턴에 크게 변화가 일어난다거나 세계의 인구규모가 충분히 줄어든다면 이런 고민이 필요 없을 수도 있다. 하지만 생산과 소비가 늘어나는 패턴은 여전히 변하지 않고 있으며, 인류 인구 규모 감소가 결코 바람직하다고 말할 수 없기 때문에 지속가능성에 대한 적극적 의미의 정의와 이를 기반으로 하는 정책의 도입은 그 무엇보다 시급한 사안이라고 판단된다. 어쨌든 생태환경

론자들이 Global Thinking 차원에서 지속가능성의 화두를 던졌다면, 도시계획가들은 Local Acting 차원에서 이를 구체화해나가는 똑 부러진 역할분담을 해오고 있는 듯하다.

2.2 '가치중립성', 도시계획가가 추구해야 할 것 중에서도……

도시계획은 가치중립성neutrality과 공평성impartiality으로 특징지어지는 과학적 방법론을 활용하는 학문이라는 점에서, 도시계획가에게는 사실의 기술에 충실한 계획을 수립할 것이 요구된다. 그런데도 도시계획이 순수하게 과학적 사실이나 기술을 다루는 학문과 달리 사회 속에서 일어나는 현상을 다루는 사회과학적 성격을 내포하고 있기에 가치판단의 문제를 떼어놓고 생각할 수도 없다. 이러한 점에서 도시계획가가 도시계획을 수반하는 정책을 수립하고 집행할 때 가치중립적인 것이 맞는지, 아닌지에 대해 심각하게 고민해보지 않을 수 없다.[10]

물론 이미 지속가능한 개발의 원리에서 읽을 수 있었듯이, ─아니면 최소한 느낄 수도 있었듯이 ─ 완벽하게 기계적으로 작동되는 가치중립성은 존재하지 않는다는 사실을 발견할 수 있다. 그 이유는 근본적으로 ─ 여러

---

10 여기서는 가치판단과 관련하여 철학적 논쟁이나 사상적 논쟁을 하려는 것이 아니다. 물론 가볍게 다룰 것도 아닐 수 있기 때문에 그와 관련하여 관심이 많거나 논쟁을 살피고 싶다면《약자가 강자를 이기는 법》(안병길 저, 동녘, 2010)이라는 책을 권하고 싶다. 특히 '가치판단'의 문제를 다루고 있는 이 단락을 읽는 분들에게는 적어도 71~83쪽과 108~125쪽만큼은 읽어보라고 권유하고 싶다.

가지를 댈 수 있지만— 어떤 원리일지라도 사람이 문제의식을 느끼면서 만들어냈기 때문에 '그 원리를 생각해낸 사람이 어디에 더 큰 비중을 두느냐 또는 어느 시대에 어느 상황에 직면하고 있느냐?'에 따라 그 고안자의 가치관이 영향을 미칠 수밖에 없다는 것이다. 특히 현대사회에서 도시계획이 지속가능한 개발의 원리에 커다란 영향을 받고 있다는 사실은 최종적 실행의 단계에서 가치중립성이 작동하지 않을 수 있음도 암시한다. 반면에 이렇게 되면 극단적으로 '특정인의 편향된 주관적 가치나 자의적 해석이 정책에 깊숙이 투영되어도 할 말이 없는 게 아닌가?'라는 의문도 갖게 된다. 그렇기 때문에 가치중립성을 강조했었던 것은 아니냐는 말도 맞는 것처럼 느껴진다. 그러나 편향된 주관이나 자의적 해석은 사실에 대한 왜곡이요 범죄행위이기 때문에 그 어디에도 발붙일 수 없으며, 학문적 검증을 통해 발붙일 수 없도록 만들어야 한다.

어쨌든 이런 고민을 마음속에 품어놓고 본 장에서는 몇 가지 쟁점이 되는 도시계획적 정책사례를 다루어보고자 한다. 도시계획가라면 어떻게 판단하는 것이 올바른 것인지, 특정인 ─개인일 수도 있고, 정부일 수도 있다─ 의 주관적 가치는 존중받아야 할 가치인지, 그 가치가 훼손됨으로 빚어지는 문제는 없는 것인지, 이러한 다양한 관점에서 우리나라 도시계획 제도와 정책 몇 가지를 짚어보고 도시계획가들은 과연 어떤 생각을 가져야 하는지 고민해보고자 한다. 정답을 제시하려는 것이 아니라 고민거리들만이라도, 고민하는 방법만이라도 툭 던져보려고 한다.

2.2.1 수도권정비계획이라는 규제 해제를 통한 성장우선주의 vs. 지역균형발전의 논쟁

　우리나라는 조선시대 이래 단핵적혹은일극적 국토공간 구조를 형성해왔다. 단핵/일극이란 쉽게 말해 서울과 그 주변에 정치, 경제, 인구 나아가 산업까지 모든 것이 집중하여 있어서, 그 밖의 지역은 대부분 낙후지역과 다름없던 상황이었다는 말이다. 그러다가 1970년대에 들어 서울과 부산을 잇는 경부고속도로가 개통되고, 수출주도형 산업발전이 이뤄지면서 서울－부산축의 지역에 성장과 개발이 집중되기에 이르렀다. 그렇다고 이 축상의 도시성장이 서울의 성장을 앞지른 것은 아니었다. 오히려 서울은 더욱 정치, 경제, 인구 및 산업에 이르기까지 국가적 중심지로서의 위상을 강화해왔다. 이러한 현상은 몇 가지의 공간개발 이론과 상당히 맞아떨어지는데 그중에서도 중력이론Gravitation Model의 법칙과 존 프리드만의 중심지－주변지역 모형Core-Periphery Model에도 딱 맞아떨어진 경우이다. 두 이론 중 후자를 놓고 비판적으로 살펴보면, 축corridor에서 새롭게 성장의 맛을 본 특정 핵심지역이 아니거나 이 축에서 벗어난 지역은 속도감 있는 성장을 누리지 못하며, 아예 낙후되기까지 한다는 것이다. 실제로 우리나라를 비롯해 수많은 저개발국가들이 지난 세기에 걸쳐 심각한 지역 간 불균형 문제를 겪어야 했다. 다음의 그림은 이러한 일극 혹은 단핵구조가 시간과 세월의 흐름 속에서 어떻게 균형적인 다핵구조로 변화되는가를 시대적 변화에 맞춰 단계적으로 표현한 개념도이다.

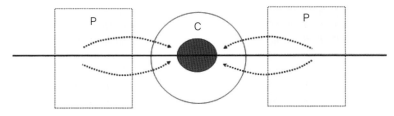
서울, 한반도에서 정치, 경제 등 유일한 핵심지역

먼저 영어의 약자 C는 Core핵심, 중심를 말하고, P는 Periphery주변, 변방, 변두리를 말한다. P와 C 사이에 있는 점선의 화살표는 인구와 물자의 이동을 말한다. 즉, 일극체제의 공간구조가 형성된 시기에는 대부분의 인력과 물자가 핵심Core으로 몰려드는 현상이 지속적으로 발생한다. 이것은 말하자면 도시와 농촌, 핵심지역과 변두리 지역의 인구 불균형, 산업 불균형, 금융 불균형 등 다양한 종류의 불균형을 초래하는 것과 같다. 물론 이런 현상이 빚어짐에도 정부가 핵심지역의 발전에 집중하고 예산의 집행도 이곳에 집중하는 이유는 제한된 재원을 발전가능성이 높은 곳에 집중해야 효율적 성장이 이뤄질 수 있다는 논리를 따랐기 때문이다. 그러나 상당한 성장이 이뤄졌음에도 지방의 균형발전을 도모하려는 예산집행 방식이나 정책이 수립되지 않는 경우가 많다. 그 이유는 이런 핵심지역의 과밀에 따라 발생하는 새로운 문제를 해결할 예산이 더 많이 필요하고, 더 많은 사람이 살게 되었기에 이곳에 더 많은 예산을 투여해야 한다는 주장이 강력히 대두되기 때문이다. 따라서 초기단계에 빚어진 불균형은 쉽사리 해결되지 않는다. 오히려 지역 간 불균형이 심각한 사회 문제로 대두되기까지 상당한 진통을 겪고, 정치권에서 정책 논쟁을 겪고 나서야 정책전환이라는 전기가 마련될 수 있다. 이 기간이 길면

길수록 불균형에 따른 국민적 갈등은 더욱 깊어지고, 이 기간이 짧으면 짧을수록 국가적 균형발전은 원활히 이루어지게 된다.

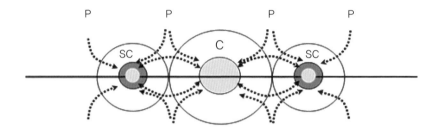

서울, 강력한 영향을 미치는 국가적 핵심,
그리고 하위체계에서 부상하는 신중심으로 부산과 인천의 탄생

두 번째 그림의 SC는 상당한 세월이 지나면서 새로운 정책이 도입되고, 이로 인해 새롭게 생겨나거나 생겨날 수도 있는 Subcenter하위중심지를 말한다. 화살표는 인구, 물류, 금융 등의 흐름이 어떻게 이뤄지고 있는가를 보여준다. 그림상으로는 과거에 비해 흐름의 방향이 핵심에 해당하는 상위중심지와 하위중심지 간에 환류현상이 이뤄지고 있어 큰 문제가 없는 것처럼 보인다. 그러나 여전히 해결되지 않은 문제로 P에 해당하는, 즉 발전축에서 벗어나 있는 변방, 변두리 지역과는 C와 SC에 대하여 여전히 일방적 관계만이 유지되고 있다. 이 말은 핵심/부핵심과 변방과의 격차는 더욱 커졌다는 것을 뜻한다. 이것이 실제로 이 이론의 이면에 존재하는 현실이다. 어마어마한 낙후와 격차의 고통 그리고 이를 극복하기까지 지금까지 얼마나 피나는 아픔과 도전이 있었는지, 그리고 앞으로도 얼마나 이런 아픔과 고통이 지속될지를 다시 한번 생각해보게 만든다.

1980년대를 지나면서 우리나라의 지역 격차는 극복하기 어려운 국가적 위기로 간주되기에 이르렀다. 그러자 중앙정부는 1984년에 이르러 서울, 인천 그리고 경기도를 포함한 수도권으로 인구가 집중되는 것을 억제하기 위한 **수도권정비계획**을 수립하였다. 더불어 그동안 무질서하게 확산된 도시구조나 토지이용에 대해서도 체계적인 성장관리가 필요하다는 또 하나의 목표를 추가로 제시하였다. 이는 수도권의 성장을 억제하는 관리방안을 내세우면서 다른 한편으로 수도권의 기업이 지방으로 이전하도록 유도하여 간접적으로나마 인구의 지방정착과 지역균형발전을 도모한다는 대표적 계획제도였다. 이런 취지는 지방의 입장에서 볼 때 정말 좋은 법과 계획제도가 생긴 것이다. 하지만 수도권에서 기업을 운영하고 있거나 수도권에서 기업을 신설하고 싶은 사업자에게는 악법 중의 악법이 아닐 수 없었다. 즉, 정책에 대한 가치판단의 충돌이 빚어지기 시작하였다. 시간이 지나면서 처음에는 조용하던 학자들도 정부의 시장에 대한 개입이 과도하며, 시장경제 원리를 극도로 위축시키는 계획이라는 비판을 쏟아냈다. 이런 반발로 수도권정비계획은 몇 차례에 걸쳐 수정되기도 하고, 또 중앙정부 자체가 올림픽이니, 국제행사의 유치니 하는 이유를 들어 수도권정비법의 규정을 뛰어넘는 초법적 개발행위를 진행하기도 하였다. 법 집행기관이 예외적 상황임을 들어 자신들이 지켜야 할 법을 무력화시킨 것이다. 이렇게 되니 민간에서도 틈만 나면 해당 법에 대항하는 요구들이 나타났고 이를 무시하기가 어려웠다. 대통령선거나 지방선거 때만 되면 계속해서 유권자 수가 많은 수도권의 표심을 잡기 위해 수도권정비법을 완화하는 개정안을 공약으로 내세우곤 하였고, 중앙정부에서 법을 집행하던 관료들이 수도권의 지방자치단체장으로 출마하면서는 아예 자신들이 고수해왔던 법이 악법이라고 싸우기까지 하였다. 하나의 예가 LG-Phillip 파주공장이다. 2000년대 초반 IMF가 발생한 이후 A라는 외국의 초대형 기업이 중국 등 아시아권 국가를 대상으로 해당 국가의 대기업과 합작형태로 투자 가능성을 모색한 적이 있다. 이때 경기도의 S도지사는 이 정보를 듣고 발 빠르게 움직여 국제공항으로부터의 접근성이 뛰어나며, 수도권 중에서도 낙후지역으로 간주하여 상대적으로 규제가 낮은 B시에 이를 유치할 수 있도록 중앙정부에 승인을 요청하였다. 이것은 수도권정비법에 비추어보면 수도권정비실무위원회에서 심의를 득한 후에 수도권정비위원회로 상정되는 과정을 거쳐야 하는 사항이었다. 그런데 이러한 절차와 과정이 이루어졌는지 불확실한 상황에서 어느 날 대통령의 절대 권력에 기대어 이 사안이 승인되었고 경기도 B시에 LG-Phillips 합작회사가 탄생한 것이다. 균형발전의 논리에 충실한 수도권정비법의 법률규정으로만 보았다면 결코 승인될 수 없었던 일이다. 하지만 '국가적 대사'라는데 지방에 사는 사람들이 균형발전 논리를 내세우면서 B시에 LG-Phillips가 들어서는 것을 반대한다는 것은 너무나도 지역 이기주의적 사고에 물들어 있는 몰지각한 행동처럼 보일 수도 있었다.

 이 두 견해의 차이, 이 두 가치의 상충을 바라볼 때 우리는 판단이 쉽지 않음을 느낀다. 글쓴이라도 국가적 대사에 지장을 끼치는 결정을 내려야 한다면 커다란 부담을 느낄 것이다. 하지만 만약 위에서 본 국가적 성장을 사유로 내세운 사례가 수도권정비법의 기능을 무력화시키는 주된 사안이라면 여러분은 어떤 판단을 내리겠는가? 또 외국기업의 요구라고 들어주고 우리나라 기업의 요구는 들어주지 않는다면 이것은 또 다른 역차별인데, 이에 대해 여러분은 어떤 판단을 내려야 하겠는가? 그런데도 외국기업이 수도권에는 국제공항, 우수한 인력, 충분한 자본, 쾌적한 주거환경 등 기반시설이 잘 갖추어져 있어서 수도권에 합작기업을 설립하겠다고 하였기에 다른 입지를 생각할 수 없는데, 그런데도 수도권정비법 때문에 사업을 포기해야 하는 상황에 처했다고 주장한다면 여러분은 어떻게 판단하겠는가? 아마 판단이 쉽지 않을 것이다. 더 나아가 조금 다른 차원에서 이 계획제도가 사인의 재산권 행사를 과도히 제한하거나 침해할지도 모른다는 생각이 든다면 여러분은 이 제도 자체를 어떤 관점에서 바라보아야 할 것인가? 제도를 없애야 하는 것은 아닐까? 결국 지난 20~30년간 운영되어온 이 제도는 '특별한 경우'에는 이러저러한 이유 때문에 예외를 인정해줄 수밖에 없다는 정치논리에 눌려 치명상을 입기도 하였다. 즉, 결국 이런 예외적 주장들을 다 수용하다가 2000년대에 들어서는 전 국토의 20%도 채 되지 않는 수도권에 전체 인구의 50%가 몰려 있고, 대기업 본사의 70% 이상이 서울을 포함한 수도권에 가득 찬 과밀구조가 고착화되었다. 이런 사실을 인식하게 된다면 여러분은 어떤 관점에서 이 제도를 바라보아야 할 것인가? 이런 다양한 질문처럼, 그만큼 다양한 입장에서, 그만큼 다양하고 수많은 안건이 수도권정비법과 충돌하고 있다. 그렇다면 계획가들은 어떤 처지에서 이를 바라보아야 할 것인가?

계획가들은 첫째로 기본에 충실하여야 한다. 근본적으로 수도권정비법을 제정했을 당시 제기되었던 사회문제가 지금 더욱 심화한 듯이 느끼는 이상, 그리고 사인의 재산권 일부가 제한되더라도 공익의 가치가 더 커서 규제의 필요성이 존재한다고 판단되는 이상, 시장의 요구에 쉽게 물러서거나 무조건 반영하는 것은 옳지 않다.[11] 그리고 둘째로, 수도권이 다른 지역에 비해 월등히 우수한 기반시설을 확보하고 있기에 어쩔 수 없이 외국기업의 투자를 허용해야 한다면, 조속히 이에 상응하거나 병행하는 기반시설을 낙후지역으로 전락해가고 있는 지방에 확충해주면서 적극적인 의미의 균형발전정책을 수립해야 한다. 즉, 단순히 수도권정비법에만 의지하는 수세적 균형발전 논리가 아닌 **적극적으로 지역균형발전을 도모하는 법률 제정과 제도 정비**에 힘을 기울여야 한다. 다른 나라의 예를 들고 싶지는 않지만 그래도 한 가지를 소개한다면 독일은 오래 전부터 연방정부가 부유한 주state/Land들로부터 세금을 걷어 이것을 상대적으로 가난한 주에 나누어주는 그런 제도를 운영하고 있다. 우리도 이런 좀 더 진일보한 적극적 의미의 균형발전 촉진형 제도를 만들어가는 것이 필요한 시점이다. 그래서 모든 국민이 골고루 잘 살 수 있는 기회, 세월이 지나면

---

11 여기서 공익이 과연 무엇이냐는 질문을 던질 수 있다. 실체도 없는 공익을 이야기하는 것은 아니냐고 힐난할 수도 있다. 그런데도 많은 사람이 공익이란 특정 개인이 독점하거나 남용·훼손할 수 없으며, 가능한 누구나 함께 누릴 수 있도록 보호받기도 하고, 보전되기도 해야 하는 사회 전체 혹은 불특정 다수의 이익과 관련된 것이라고 느끼고 있다. 물론 이렇게 말하더라도 여전히 공익이 무엇인지 딱 부러지게 정의할 수 없다는 점에서 안개에 싸여 있는 것 같기도 하다. 하지만 공익은 공공의 선을 위해 '함께 지키고, 아끼며, 함께 누릴 수 있도록 보호받고 보존되어야 할 공동의 가치라고 본다면 상식적으로 이해가 될 듯하다. 또한, 공익이 보호됨으로써 특정 개인의 횡포가 억제되고 불특정 다수의 사익에 대한 위협도 줄어들어 평등한 권리가 보장되는 것으로 느껴지기도 한다. 그렇기에 다양한 법률로, 사익을 위한 재산권 행사가 공동의 선을 훼손하거나, 훼손할 위험성이 크다고 판단될 때에는 이를 제한하고 규제하게 되는 것이다. 이것이 공익을 보호하는 법률 행위일 것이다. 수도권정비계획법의 조항을 놓고 도시계획 차원에서 공익을 훼손할 수 있는 행위를 살펴본다면, 기본적으로 수도권과 지방의 인구격차, 산업격차 등 불균형을 더욱 심화시키며 장차 지방의 인구와 산업이 다시금 수도권으로 들어올 수밖에 없는 상황을 만들어낼 것으로 예상되는 행위를 들 수 있으며, 자연환경 보전지역에서 무질서한 것으로 판단되는 개발이나 과도한 규모의 개발로 장차 주변 지역에 심각한 환경훼손을 일으키거나 환경오염을 확산시킬 것으로 예상되는 행위 그리고 기존의 개발 규모를 뛰어넘는 개발로 인구과밀, 교통혼잡 등의 추가적 사회문제를 일으킬 것으로 예상되는 행위가 해당한다고 볼 수 있다.

서는 지방에도 해외기업을 유치할 기회가 주어져야 정당한 사회, 건강한 국가가 되는 것이다. 도시계획가는 이런 계획과 제도적 장치를 마련하여 정책수립자들이 이를 현장에 적용하도록 요구하여야 한다. 이때 존 프리드만이 궁극적이고 이상적 단계로 제시한 '상호보완적이며 협력적 기능을 갖춘 도시체계'가 형성될 수 있을 것이다. 그리고 이러한 축이 하나로만 그치는 것이 아니라 다양한 발전축을 형성하여 낙후와 격차의 왜곡이 발생하지 않도록 균형적 국토발전을 확고히 다질 필요가 있다.

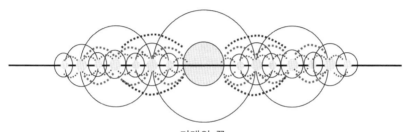

미래의 꿈,
상호보완적이며 협력적 기능을 갖춘 도시체계

이런 면에서 도시계획가의 최종 판단은 기계적이거나 가치중립적이지 않을 수 있다. 다만 이 경우에도 다수가 받아들일 수 있는 상식적이고도 일관성 있는 원칙과 판단 기준이 있어야 한다. 시장주의적 입장을 견지하는 계획가들은 현재 상황만 보고 선택과 집중을 통해 거점성장이 우선 성장하도록 해야 한다고 주장한다. 하지만 성장거점론이 지금까지 누적되어 온 국토의 불균형발전과 예산의 제약 때문에 어쩔 수 없이 선택할 수밖에 없던 논리인데, 이런 불균형의 문제를 고칠 생각은 없이, 아예 앞으로도 낙후지역과의 격차를 더욱 키우는 논리인 성장거점이론을 내세운다면 그것은 결코 받아들이기 어려운 주장이요 정책일 것이다. 그런 논리로 모든 국민이 골고루 잘 살 수 있는 기회, 지방도 해외기업을 유치할 기회조차 잃게 만든다면, 그것은 어느 순간 특정 기업의 투자를 유치하는 문제는 해결했을지 모르나, 국토불균형이라는 근본문제는 손도 대지 못한 미봉책의 정책 그 자체일 가능성이 농후하다. 그렇기에 계획가는 더욱 신중하게 가치판단을 내려야 한다. "과연 더 큰 가치는 무엇일까? 본질은 무엇일까?"라는 질문을 던지며 본 단락을 마무리 짓는다.

2.2.2 개발제한구역의 '자연환경보호' vs. '사적 재산권 침해' 논쟁

'그린벨트Green Belt'라고 불리는 개발제한구역제도는 1971년 도시계획법에 의해 수도권을 포함한 14개 도시권에 5,397km²를 지정하면서 도입되었다. 김태복, 1993, p.10. 그린벨트가 추구한 목적은 도시의 평면적 확산을 방지하고 도시 주변의 자연환경을 보전하는 것이었다. 이 그린벨트로 묶어야 할 대상 지역이나 도시는 급격한 인구집중이 예상되거나, 장래 무질서한 팽창이 이루어질 상황에 처해 있거나, 정부가 추진하는 국가 주요산업으로 급속한 도시화가 예상되는 지역이며, 나아가 보존의 필요성이 높은 관광자원과 자연환경을 가진 경우 등에 해당하였다. 언제 해제될지도 모르는 상황에서 자연환경보존을 목적으로 가장 강력한 위력을 발휘하며 개인의 재산권 행사를 엄격히 억누른 것이 바로 이 '개발제한구역' 제도였다. 문제는 여기에 놓여 있다. 이를 도시계획적 차원에서 살펴보면 "공익적 가치를 추구한다는 취지는 좋지만 개인의 사적 재산권을 그렇게 강력히 침해해도 되는가?"라는 것이다. 개발제한구역뿐만 아니라 국립공원이라고 지정해놓고 개인의 사적 재산권 행사를 수십 년 간 ―아니 딱 수십 년만 간다면 한번쯤 이해해줄 수도 있겠는데, 그것이 아무런 기약도 없이 ― 제한해버렸다면, 이것을 쉽게 받아들일 수 있겠는가? 공권력의 횡포는 아닌가? 그런데 국가와 정부는 공익사업을 집행한다는 목적 아래 그렇게 자연보호와 보전의 가치가 높다고 했던 주장을 뒤엎고, 그리고 그렇게 도시확산의 억제가 필수적이라고 했던 주장을 뒤엎고, 어느 날 갑자기 개발제한구역을 해제하기도 한다. 개인은 내 사적 재산인데도 감히 해제해달라고 요구할 엄두도 내지 못했던 일을 말이다. 이런 논란은 그린벨트가 도입된 지 26년이 지난 1997년 대선공약으로 개발제한구역의 해제가 가시화되면서 거의 일순간(?)에 해소되기에 이른다.[12]

여기서 우리는 그렇게 필요한 제도라고 말했던 계획가들이 정치권의 논의 한마디에 그 제도를 스스로 축소하고 급기야는 파기하기까지 했다면 "이 제도가 근본적으로 생겨나지 말았어야 했던 제도는 아니었는가?" 하는 의아함이 들기도 한다. 어쩌면 "도시계획가들은 정치인의 입맛을 맞추는 그런 존재였던가?" 하는 분노의 목소리 앞에 깊은 반성을 해야 한다는 생각도 든다. 과연 무엇이 맞는 것인가? 과연 이런 생각이 맞는 것일까? 물론 정치권의 입김에 놀아난 계획가들의 통렬한 자기반성도

---

12 개발제한구역과 관련된 논점이 잘 정리된 글로는 권용우·박지희가 쓴 "우리나라 개발제한구역의 변천단계에 관한 연구"(국토지리학회지 제46권 제3호, 2012, pp.363-374)가 있다. 상당히 자세하고도 일목요연하게 정리되어 있어 전문가들뿐만 아니라 일반인들도 제도를 이해하는 데 커다란 도움이 될 것이다.

필요하다. 그러나 단순히 누군가에게 책임을 추궁하고 적폐 인물을 청산하는 것보다는 먼저 제도도입 당시의 상황과 이 제도가 도입취지에 맞춰 제대로 운영되었는지 그리고 무엇보다 사적 재산의 과도한 침해는 없었는지를 살펴보는 것이 더욱 시급하고 중요하다. 그래서 다시는 지금까지 벌어졌던 불합리가 발생하지 않도록 하는 것 말이다. 그리고 나서 한번쯤은 "개인의 재산권 행사가 무한히 보호받아야 할 사안인가?"에 대해서도 되짚어볼 필요가 있다. 왜냐하면, 사익 추구자들은 환경을 훼손하더라도 사익의 극대화를 추구하는 경향을 보이는 것도 사실이기 때문이다. 물론 사익 추구자들을 잠재적 범죄자로 매도하거나 취급하는 것은 올바르지 않다. 그러나 한번쯤 모든 사안을 뒤집어놓고 살펴보는 것은 생각의 폭을 넓혀주고 사고의 한계에 갇혀 있던 나를 더 깊고 올바른 판단으로 이끌어갈 수 있다. 이것이 계획과 정책의 가치를 정확히 판단하는 자세다.

결론적으로 우리는 공익과 사익의 갈등 사이에서 어떤 관점을 취해야 하는가 고민해보았다. 이것 또한 가치판단의 문제이기 때문이다. 하지만 어찌 되었건 간에 사적 재산권의 행사를 일방적으로 제한하는 것은 옳지 않다. 가장 쉬운 방법일 수 있으나 합리적이고 적절한 보상과 배상이 이뤄지지 않는다면, 그리고 행위 제한에 대한 구체적 대안이 마련되지 않는다면 그것은 권력이나 제도의 횡포일 수 있다. 개인이 없이는 국가도 존재할 수 없기 때문이다.

2.2.3 부동산의 가치상승에 따른 **불로소득 환수**에 대한 논쟁

부동산은 무엇인가? 부동산은 토지와 건축물 그리고 건축물에 부속된 시설물로 언제든지 화폐가치로 전환되어 평가받을 수 있는 사적 재산이다. 그런데 문제는 이 부동산이 두 가지의 또 다른 속성을 보이고 있다는 것이다. 하나는 이 사적 재산이 단순히 소유자의 소유범위 내에만 머무는 것이 아니라 이를 임대하거나 구매하려는 타인과 떼려야 뗄 수 없는 공적인 연관을 맺고 있다는 것이다. 다른 하나는 이 사적 재산의 가치가 나의 노력이나 행위가 없는데도 상승하거나 하락한다는 것이다. 전자의 경우는 시장기능을 교란하는 독과점의 문제를 발생시킬 가능성이 농후하며, 후자의 경우는 재산 가치가 상승하여 발생하는 **불로소득** Unearned Income을 유발하고 있다. 전자의 경우 이미 이를 엄격히 다루는 법규가 마련되어 있고, 나아가 엄격한 처벌이 필요하다는 것에 대한 사회적 합의도 이뤄져 있는 상황이지만, 후자의 경우는 우리 사회에서 아직 다양한 논란을 일으키고 있기도 하다. 다음의 사례를 살펴보자.

충청남도 연기군에 세종시라고 불리는 행정중심 복합도시를 만들고자 계획이 수립되었다. 세종시가 만들어지기 전 이 지역의 대부분 토지는 오랫동안 농사를 짓는 농지였다. 그러나 신도시 개발에 따라 세종시의 주변에서 A라는 민간회사가 개발사업을 진행하였고, 농업용지는 주거용지, 상업용지 등으로 개발되기에 이르렀다. B라는 농지의 소유주는 하루아침에 민간의 개발계획으로 말미암아 돈방석 위에 앉게 된 것이다. 공익을 목적으로 국가나 공공기관이 수행한 개발사업에 대해서는 '공익사업을 위한 토지 등의 취득 및 보상에 관한 법률'에 따라 개인의 토지 등에 대해 강제수용권을 발동할 수 있으며, 이에 대한 반대급부로 적법한 보상을 받도록 규정하고 있다. 하지만 A라는 민간회사의 개발용지는 민간의 개발부지에 해당하였기에 사업자는 토지소유주와 협의매수만을 진행해야 하는 상황이었다. 게다가 농지소유주는 절대 팔 수 없다고 하면서 턱없이 높은 매수가격을 제시하고 있다. 이러한 개발에 따라 아무 노력도 들이지 않았는데 불로소득이 찾아온 것이다. 이를 어떻게 바라보아야 할 것인가? 다행히 2008년 헌법재판소는 주택법에 제시된 사항인 민간사업자가 개발사업을 추진하더라도 공익성이 확보된 사업이자 해당 개발사업 부지의 80% 이상 토지소유자가 동의한 사안에 대해서는 강제매수권을 발동할 수 있다는 조항에 합헌결정을 내려 그간의 논란에 종지부를 찍게 하였다. 이 과정에서 당시에 커다란 이슈로 등장했던 '알박기' 문제도 자연스럽게 해결되었다. 그리고 불로소득에 대해서는 양도소득세 등 강력한 세제를 도입하여 해결책을 제시해왔다.

그런데 조금은 다른 듯하지만 불로소득이라는 측면에서 비슷한 주택구매를 놓고 벌어지는 갭 투자Gap Investment라고 불리는 행위는 과연 어떻게 바라보아야 할 것인가? 이는 무조건 나쁜 행위인가? 그리고 이와 관련하여 실수요자만 집을 사야 한다는 것은 맞는 논리인가, 그릇된 논리인가? 그렇다면 실수요자는 과연 누구란 말인가? 지금 당장은 수요자가 아니지만 앞으로 수요자가 될 것이기 때문에 조금이라도 주택가격이 저렴할 때 미리 사두려고 한다면 그것은 실수요자인가 아닌가? 또 여유자금을 굴리거나 부동산 투자를 통해 임대수익을 올리려고 한다면 이것은 실수요자라고 볼 수 없는 것인가? 글쓴이는 이러한 이런 현실적 고민을 깊이 고려하지 않은 채 섣불리 '주택은 돈이 아니라 살 집이다. 그래서 갭 투자는 무조건 나쁘다'는 식으로 몰아가는 것은 바람직하지 않다고 판단한다. 지금까지 정부는 임대사업자 등록과 같은 방법으로 부동산에 투자하도록 허용해왔다. 이 투자의 과정에서 갭 투자도 이뤄져 왔다. 따라서 부동산투자 자체를 부정한 것으로 몰아간다면 이는 국부의 60%가 넘는 비중을 부동산이 차지하고 있다는 점에서, 그리고 연기금을 비롯한 금융기관이 해외부동산에 투자하여 갭 투자의 효과를 누리도록 허용하고 있다는 점에서 앞뒤가 맞지 않는 이야기를 하는 것이다. 따라서 계획가는 더 근본적인 고민을 바탕으로 정책적 접근을 시도해야 한다.

즉, 갭 투자Gap Investment냐 갭 투기Gap Speculation냐를 구별할 수 있는 분명한 근거를 마련해야 한다. 시장교란 현상이 나타나고 있는지 그리고 누가 시장을 교란하는 주범인가도 세세히 따져서 살펴보아야 한다. 만약 갭 투기에 해당하며, 시장을 교란했다고 판단될 때에는 이를 통해 획득된 불로소득을 철저하게 환수하도록 해야 한다. 그런데 다만 한번 더 숙고해야 할 것은 불로소득이 무조건 나쁜 것이냐는 점이다. 자본주의 사회에서 항상 노동소득만이 신성한 것이고 자본소득은 신성하지 못한 것이라고 내세우면 우리는 자본주의 사회에 살면서도 자본주의에 반한 반자본주의적 사고Anti-capitalistic Thought, 어쩌면 사회주의적 사고Socialistic Thought를 하면서 살아가는 것일지도 모르기 때문이다.[13] 모든 소득활동은 그

---

13 자본주의에 대해 다양한 비판이 존재한다. 굳이 마르크스의 자본론이나 사회주의적 관점을 빌리지 않더라도 현대 사회에서 천민자본주의니 약탈적 자본주의니 하면서 다양한 비판이 일어나고 있다. 데이비드 하비(David Harvey, 1935-)가 쓴 《자본의 17가지 모순(Seventeen Contradictions and the End of Capitalism)》(황성원 역, 동녘, 2014)이라는 책에서도 자본주의는 모순덩어리로 묘사되어 있다. 글쓴이가 이런 사실을 알면서도 자본주의를 존중해야 한다는 듯한 표현을 쓴 것은 현재의 사회적 제도에 조건 없는 저항만 내세우지 말자는 것이다. 다만 어쩔 수 없이 현존하는 사회적 제도이기 때문에 존중은 하되 앞으로 자본주의의 해악적 요소는 끊임없이 고쳐나가며, 새로운 제도가 필요하다고 인정되면 새로운 제도도 적극적으로 도입하자는 의견이다.

자체로 충분히 인정받을 만한 가치가 있다. 다만 이것이 타인의 생계나 생존을 위협하는 소득활동인지 아닌지를 구별할 줄 알아야 한다. 그리고 특정 계층의 소득활동이나 부의 축적으로 다른 계층의 국민이 추가적인 고비용을 지불할 수밖에 없고, 때로는 가난의 나락으로 빠져들기도 하며, 빈부의 격차가 극심해져, 마침내는 중산층이 붕괴되고 이들이 차상위 계층으로 전락하거나 또다시 지역적 격차가 커지는 사회현상이 나타난다면, 국가는 그런 추세를 정확히 따져 적극적인 대처방안을 마련해야 할 것이다. 단순히 세제관리나 환수차원이 아니라 구체적으로 부동산 수급과 관리의 차원에서 접근해야 한다는 것이다. 그렇지 않다면 그것은 국가의 방임으로 국가가 해야 할 책임을 다하지 않은 국가범죄에 해당할 수도 있기 때문이다. 즉, 전쟁이 난 뒤 국민을 보호하는 것은 후속적 조치이지 최선의 조치는 아니다. 오히려 전쟁이 나지 않도록 가능한 평화적 수단을 동원하여 예방적 차원에서 국민과 국민의 재산을 보호하는 것이 절대적으로 중요하다. 이렇듯이 국가는 국민을 사익 추구자냐 아니냐의 이분법적 편 가르기식 접근에서 볼 것이 아니라 예방적 차원에서 국가적 책무를 다하는 방법을 찾아야 한다.

2.2.4 종상향, 용적률/건폐율 완화, 건축규제 특례 인센티브 제도는 바람직한가?

종상향이란 간단히 말하여 토지를 이용하여 건축행위를 하는데 있어서 용적률, 건폐율, 높이 등의 제한을 완화하여 해당용도 내에서 개발용량이 늘어나도록 혜택을 주는 것이다. 이를 이해하려면 먼저 '종種'이 무엇인지 알아야 한다. '종'이란 도시를 계획할 때 어떤 토지는 주거용지로, 어떤 토지는 상업용지로, 어떤 토지는 공업용지로 구분지어 사용하도록 용도를 지정해놓고 있다. 이때 그 용도의 개발규모를 세분화하여 개발이 가장 엄격하게 억제된 1종 지역부터 개발 규모가 가장 큰 3종 지역까지 나뉘어 있다. 이때 1종에서 2종이나 3종으로 혹은 2종에서 3종으로 변경이 허용되는 것을 종상향이라 하고, 종은 변하지 않되 애초의 제한보다 일정 규모 이상의 건축행위가 가능하도록 완화하는 것을 용적률/건폐율 완화라고 한다. 그리고 아예 제한된 용도를 풀어서 녹지나 산지를 택지로 개발할 수 있도록 허용해주는 것까지 포함할 때 건축규제 특례가 활용된다. 이러한 제도의 도입이유는 여러 가지가 있을 수 있다. 일반적으로는 건설경기가 침체되어 있을 때 건설산업의 촉진을 통해 건설경기를 활성화하는 촉매제로 사용하기도 하며, 아예 새로운 신도시를 하나 만들려고 할 때 사용하기도 하며, 실제로는 낙후된 주거지역 등을 체계적으로 정비하려는 도시정비사업을 수행하면서 제한된 정부재원으로는 공공시설을 마련하기가 쉽지 않을 때 해당 사업자로부터 도로용지 등 일정 부분의 공공용지를 기부채납받고, 그 대신 이에 따라 발생하는 용지감소에 대해서는 용적률과 건폐율을 완화하여 반대급부로서의 추가 개발이익을 보장해주는 데 사용하기도 한다.

그러나 겉보기에 이렇게 좋은 인센티브Incentive 제도가 과연 그렇게 좋은 제도인지, 그리고 진짜 그렇게 좋은 의도로만 활용되어왔는지 도시계획가는 그 가치를 심각히 고민해보아야 한다. 혹시 인센티브 제도가 겉으로는 공익적 목적을 달성하기 위한 수단이라고 하였으나, 공공기관과 사익 집단의 이해가 맞아떨어지는 지점에서 양자의 이익을 극대화하는 유착의 도구는 아니었는지, 또 혹시 사익 집단이 자신들의 이익을 극대화하기 위해 이익단체로서의 압력을 행사하는 도구는 아니었는지 고민해봐야 한다. 전자의 경우는 과거 모 대선후보가 건축규제 특례조항을 대선공약으로 내세우며 국민의 표를 유혹했던 사례에서 근거를 찾을 수 있고, 후자의 경우는 건설업계, 건축업계 등이 학회나 협회 등을 내세워 압력단체로써 제도를 만들고 이를 법제화하도록 하였던 사례에서 근거를 찾을 수 있다. 이 과정에서 계획가와 정책수립자들은 상황 논리를 근거로 동조하기도 하였다. 지방자치제도가 도입된 이래 이러한 인센티브제도는 더욱 남발됐으며, 해당 지역의 도시를 아끼는 사람들에게는 심각한 사회문제로 인식되어왔다.

　우리는 여기서 인센티브 제도를 무엇 때문에 조심스럽게 사용해야 하는지 고민해볼 필요가 있다. 특히 건축규제 특례가 가져왔던 폐단이 무엇이었는지 깊이 고민해보아야 한다. 건축규제 특례는 일단 용적률과 건폐율 완화에서 출발한다. 예를 들어 100평의 대지에 50평짜리 단층주택_{건폐율 50%, 용적률 100%}을 짓고 살던 사람에게 용적률을 100% 완화해주면 이층주택_{건폐율 50%, 용적률 200%}을 지을 수 있게 된다. 이렇게 되면 토지의 재산 가치가 급격히 상승하는 효과를 누리게 된다. 단순히 말해 집주인이 1층은 월세로 내놓고 2층에서 살면 소득이 창출되는 것 아닌가? 이런 특례를 국민에게 공약으로 내세웠는데 혹하지 않을 국민이 누가 있겠는가? 그런데 문제는 이런 특례의 공약이 표를 의식해 자꾸 반복된다는 것이다. 이번에는 건폐율을 50%에서 75%가 되도록 허용해준다. 도시지역에서 굳이 넓은 마당이 필요하겠냐는 것이다. 이렇게 되면 건폐율을 50%만 쓸 경우 3층까지 지을 수 있게 되는 것이다. 그런데 여기서부터 그동안 잠재되어 있던 문제가 터지기 시작한다. 과도한 개발로 아래층에 사는 사람들은 햇빛을 볼 수 없다. 일조권의 문제가 발생한다. 사람들이 많이 사는데 주차장이 없어 주택가 도로는 차로 뒤범벅이 된다. 이웃에서 넘어오는 소음으로 불쾌지수가 높아진다. 건물이 과도히 밀집하니 화재 위험성도 커진다. 결국 주거환경이 급격히 악화한 것이다. 이런 지역을 재개발이 필요한 불량주택 밀집지역이라고 부른다. 1980년대 중반에 허용된 건축규제 특례가 2000년대 초반 더 이상 미룰 수 없는 불량주택 밀집지역을 양산해놓았다. 20여 년도 채 걸리지 않았다. 그런데 이 시기에 주택수요가 공급을 훨씬 웃돌았기에 주택가격은 지속해서 상승했다. 재개발은 곧 황금알을 낳는 거위였고, 이는 투기와 직결되었으며, 건설회사도 종상향 등의 인센티브 제도로 말미암아 헌 집 1,000가구를 허물고 2,000가구가 쾌적하게 살 수 있는 10여 층짜리 공동주택단지를 만들어냈다. 이 과정에서 건설회사는 1,000가구의 추가분을 팔아 추가이익을 확보할 수 있었다. 그러나 1~2층으로 이뤄져 있던 단독주택가는 10여 층짜리의 공동주택 단지로 바뀌었고, 이런 공동주택이 노후화된 2010년대에는 다시 재건축을 위해 그리고 사업성을 확보하기 위해 더 많은 가구가 사는 훨씬 더 고층화된 초고층 아파트 단지로 바뀌어야 했다. 아니면 공동주택의 분양가를 더욱 올려야 했다. 그런데 문제는 앞으로 이런 초고층화의 추세가 어디까지 이어질 수 있냐는 것이다. 또 더욱 상승하는 주거비용을 지급할 수요자가 있겠느냐는 것이다. 이 악순환의 고리를 언제 가서야 끊겠냐는 것이다. 무엇보다 인구가 줄어들고 있는 시대에 신규수요가 창출될 수 있겠느냐는 것이다. 또 다른 관점에서 인센티브 제도는 등가교환만을 허용하는 것이 아닌데 국가가 왜 이런 형태의 불로소득을 허용하느냐는 것이다. 손실분의 보상과 더불어 추가이익의 가능성도 열어주는 불로소득을 허용하지 않더라도 개발사업자는 이익이 확보되지 않으면 사업에 뛰어들지 않을 것이요, 이익의 가능성이 존재한다면 사업에 뛰어들 것이기 때문이다. 그러므로 인센티브 제도는 결코 남발되어서는 안 된다. 인센티브 제도의 운영자들은 이것이 이익보장을 위한 인센티브가 아니라 공익확보를 위한 인센티브라는 것을 잊지 말아야 한다. 물론 둘을 완전히 떼어놓고 볼 수 없다고 할 수도 있겠으나 주객이 전도되어서도 안 된다. 인센티브 제도는 최후의 보완적 수단일 뿐이다. 꼭 필요한 공익적 목적을 달성하거나 사익의 불합리한 훼손을 방지하기 위해 극히 제한적으로 사용하되, 지금과 같이 눈에 뻔히 보이는 악순환의 빌미가 될 때는 엄격하게 통제해야 한다.

2.3 '가치'에 대해 도시계획가들은 어떤 관점을 취해야 할 것인가?

지금까지 살펴본 바에 따르면 도시계획가가 다루는 대부분 계획과 정책이 가치판단의 문제와 직결되어 있음을 알 수 있다. 수도권정비계획도 성장이 우선이라는 가치에 방점을 찍을 것이냐, 아니면 균형발전이 우선이라는 가치에 방점을 찍을 것이냐에 따라 규제를 풀지, 아니면 강화할지가 결정될 것이다. 개발제한구역 제도에 대해서도 환경보호가 우선이라는 가치에 방점을 찍을 것이냐, 아니면 사적 재산권 침해의 해소가 우선이라는 가치에 방점을 찍을 것이냐에 따라 규제를 풀지, 아니면 강화할지가 결정될 것이다. 또한 부동산 소유에 대해 불로소득의 엄격한 환수가 필요한지 아닌지에 대한 정책적 판단과 인센티브 제도가 필요한지 아닌지에 대한 정책적 판단도 모두 가치판단의 문제다.

이런 가치판단은 실질적으로 사적 재산권이 우선이냐, 공익적 가치를 보호하는 것이 우선이냐는 두 이해상충의 갈등과 대립으로 귀결된다. 가끔 결정 과정에서 어느 진영의 입장이 더 강하게 작동하느냐에 따라 무게중심이 한쪽으로 쏠리기도 한다. 마치 정치인들이 여론의 추이에 우왕좌왕하면서 정체성을 잃고 한쪽으로 우르르 몰려가는 것처럼 말이다. 하지만 대부분의 경우 공익 가치가 사익 가치를 압도한다. 물론 시대 논리가 어떻게 작동하느냐에 따라 사익이 보호받아야 할 가치로 존중받는 상황도 발생한다. 그런데 무게추가 어느 한쪽으로 흐르지 않을 때는 상당 기간 결정을 내리지 못하고 서로 의견 대립만 하는 경우도 발생한다. 이처럼 가치에 대한 최종 판단이 사람마다 다를 수도 있고, 또 동일한 사람도 상황에 따라 다른 자세를 취할 수 있는 것은 가치란 것이 상대적 속성을 띠고 있기 때문이다. 그 가치를 느끼는 사람마다 정도의 차이를 느끼면서 가치를 대하기도 하고, 혹은 완전히 다른 입장에서 가치를 바라보기도 하기 때문이다. 극단적으로는 "내가 주장하는 가치만이 선이고 다른 사람이 주장하는 가치는 악이다"라고 일방적 주장을 펼치는 사람도 있다. 토론회나 도시계획위원회에 가보면 일방적으로 자신의 가치만을 주장하는 토론자와 위원들이 많다. 학술논문을 제출하다 보면 심사자가 자기의 평가와 생각만이 가장 올바르다고 주장하는 경우도 많다. 학술연구자들에게 이런 심사자는 기피 대상이다.

이런 극단적인 경우가 아니더라도 도시계획을 수행하다 보면 항상 누군가의 대변자가 되곤 한다. 국가에서 발주된 용역과제를 수행하면 공익을 고려한다는 국가의 입장에서 바라보아야 할 것 같고, 개인이 발주한 용역과제를 대행하다 보면 그 개인의 입장에서 개인이 당한 재산권의 침해나 다양한 고통을 해소해주는 입장에서 바라보아야 할 것 같다. 그렇다면 이것은 뭔가 잘못된 것이 아닌가? 이번에는 이랬다가 다음번에는 저랬다 하면 누가 그 용역수행자를 신뢰할 수 있겠는가? 이 고민을 풀기 위해 먼저 숙고해봐야 할 것이 있다. 전자의 경우 그 국가가 용역과제를 통해 추구하는 목적이 정당한지를 살펴보는 것이다. 즉, 공익을 위한다고 하는데, 그 공익이 사익을 과도히 제한하거나 훼손시키지는 않는지, 아니면 그 공익이 가장된 공익은 아닌지를 살피는 것이다. 이를 살피고 나면 계획가는 어떤 관점에서 이를 수행해야 할지 방향을 잡을 수 있고, 극단적이고 비상식적인 판단은 피할 수 있다. 숙고의 과정을 거쳐도 가치에 대해 개인마다 느끼는 정도의 차이는 여전히 존재한다. 그렇기 때문에 누구만 일방적으로 옳다고 볼 수 없다. 오히려 수많은 정책논쟁과 토론 속에서 이런 숙고와 숙의를 통해 중지가 모여 가는 것이다. 그런데도 논지의 핵심은 가치를 판단하는 그 판단에 대한 명확한 기준이 없다는 것이다. 스스로 명확한 기준이 없기 때문에 이리 휘둘리고 저리 휘둘리는 경우를 많이 본다. 이 때문에 일반인들은 전문가라는 계획가나 정책수립자들의 권위를 불신하고 인정하지 못하겠다고 반발할 수 있다. 물론 계획이라는 것과 계획이 구현된 정책이라는 것이 시대의 필요에 따라 생겨난 것이기 때문에 시대 상황에 따라 해석이 달라질 수 있으며, 적용방식도 달라질 수 있다. 또 그 시대가 요구하는 시대정신도 있다. 하지만 상황이 어떻게 바뀌었든 상황 논리를 내세우며 말 바꾸기를 해대면 아무도 받아들일 수 없다. 그런 것은 구구한 변명이요, 핑계요, 자의적이고 편향적인 해석이다.

계획가에게는 계획의 이용자 누구에게나 상식적으로 받아들여질 수 있는 기본적 판단 기준이 있어야 한다. 그 상식적 판단기준은 무엇일까? 글쓴이는 계획가들에게 '헌법'을 기준 삼으라고 말하고 싶다. 아니 말하고 싶은 정도가 아니라 기준 삼아야 한다고 못 박고 싶다. 물론 우리나라의 헌법에 부족한 부분이 있다고 판단되고 있기 때문에 헌법 개정의 필요성도 제기되고 있다. 하지만 어쨌든 간에 각 나라에서는 그 나라 사람이면 꼭 따라야 하는 그 나라 최고의 기준이 헌법이다. 모든 법률도 한결같이 이 헌법과 헌법정신에 따라 만들어지고 있으며, 헌법을 위배해서는 존재할 수가 없다. 도시계획과 관련된 모든 법률도 기본적으로 최종적 판단 기준을 헌법에서 찾아야 한다. 이러한 점에서 도시계획가는 헌법을 깊이 이해하고, 모든 법률이 헌법에 정해진 원칙을 따르는가 아닌가를 살피는 능력을 키울 필요가 있다. 이것이 계획가가 공적 가치냐, 사적 가치냐에 대해 올바른 판단을 내릴 수 있는 원칙이라고 본다.

글쓴이가 **수도권정비계획**을 놓고 성장이 우선인지 균형발전이 우선인지에 대한 가치판단을 내릴 때 가장 근본적으로 따져본 사항도 헌법과의 부합성이다. 먼저는 헌법 전문의 헌법정신에 비추어 우리나라의 국토체계가 어떤 상황인지를 살펴보고 그다음에 각론으로 들어가 해당 행위규제가 합리적인 것인지 아닌지 최종적 가치판단을 내릴 때는 헌법 조문에 비추어 따져보는 것이었다. 물론 나의 판단이 선호하는 한쪽으로 치우쳐 일방적 법리해석을 내리는 경우도 있다. 그러나 최종 판단에 이르기까지 다양한 이해당사자들, 다양한 위원들 그리고 다양한 의견을 듣고 취합하면서 이러한 오류와 오판은 지속적으로 수정될 수 있다. 이것이 숙의와 합의의 과정이다. 그리고 이런 고민의 결과물로 가장 오류가 적은 최적 대안이 도출된다. 마찬가지로 개발제한구역 제도에 대해서도 환경보호가 우선인지 사적 재산권 침해의 해소가 우선인지에 대한 가치 판단을 내릴 때 가장 근본적으로 따져보게 되는 것도 헌법과의 부합성이다. 이런 의미에서 대한민국 헌법 전문을 소개해본다.

대한민국헌법

[시행 1988.2.25.] [헌법 제10호, 1987.10.29., 전부개정]

전문

유구한 역사와 전통에 빛나는 우리 대한국민은 3·1운동으로 건립된 대한민국임시정부의 법통과 불의에 항거한 4·19민주이념을 계승하고, 조국의 민주개혁과 평화적 통일의 사명에 입각하여 정의·인도와 동포애로써 민족의 단결을 공고히 하고, 모든 사회적 폐습과 불의를 타파하며, 자율과 조화를 바탕으로 자유민주적 기본질서를 더욱 확고히 하여 정치·경제·사회·문화의 모든 영역에 있어서 각인의 기회를 균등히 하고, 능력을 최고도로 발휘하게 하며, 자유와 권리에 따르는 책임과 의무를 완수하게 하여, 안으로는 국민생활의 균등한 향상을 기하고 밖으로는 항구적인 세계평화와 인류공영에 이바지함으로써 우리들과 우리들의 자손의 안전과 자유와 행복을 영원히 확보할 것을 다짐하면서 1948년 7월 12일에 제정되고 8차에 걸쳐 개정된 헌법을 이제 국회의 의결을 거쳐 국민투표에 의하여 개정한다.

이 전문에 나타나는 표현 중 첫째로

'모든 사회적 폐습과 불의를 타파하며, 자율과 조화를 바탕으로 자유민주적 기본질서를 더욱 확고히 하여'는 도시계획가가 자유민주적 기본질서를 지키기 위하여 얼마나 각고의 노력을 기울여야 하는지를 보여주며, 둘째로 '각인의 기회를 균등히 하고, 능력을 최고도로 발휘하게 하며, 자유와 권리에 따르는 책임과 의무를 완수하게 하여, 안으로는 국민생활의 균등한 향상을 기하고'는 도시계획가가 각인의 기회균등, 국토의 균형발전, 불균등의 해소에 얼마나 절대적 가치를 두어야 하는지 알려주고 있다. 이러한 점에서 도시계획가는 과도한 사익추구와 싸워야 하되, 사익을 함부로 훼손해서도 안 된다는 자본주의의 가치를 존중하면서, 시장의 올바른 기능을 훼손하거나 왜곡할 수 있는 정당성이 확보되지 못한 부동산의 불로소득에 대해서는 엄격한 환수정책을 수립하는 것도 필요하다는 것이다. 그리고 도시계획의 정책적 판단, 인센티브 제도가 필요한지 아닌지에 대한 판단도 모두 가치판단의 문제인데, 어떤 가치에 중점을 둘 것이냐는 헌법을 기준으로 삼아야 한다는 것이다. 나아가 결과로서의 헌법의 법리수행도 중요하지만 그 못지않게 과정으로서의 헌법정신을 지켜나가는 것은 결코 놓쳐서는 안 될 최고의 행위규범이요, 판단규범임을 알 수 있다. 즉, 도시계획에 있어서 도시계획의 결과물도 중요하지만 도시계획을 수립하기까지 '자율과 조화를 바탕으로 자유민주적 기본질서를 더욱 확고히 하여'라는 정신에 비추어 모든 계획과정이 시급하다는 이유로, 비밀이라는 이유로, 어느 누구에 의해 독단적으로 아니면 특정 소수에 의해 일방적으로 만들어지고 결정되어서도 안 된다는 것을 보여준다.

이런 점에서 도시계획과 연관성이 깊다고 판단되는 헌법 조문을 제시해보면 다음과 같다.

> 제1조　　②대한민국의 주권은 국민에게 있고, 모든 권력은 국민으로부터 나온다.

제1조를 시작으로,

> 제10조　　모든 국민은 인간으로서의 존엄과 가치를 가지며, 행복을 추구할 권리를 가진다. 국가는 개인이 가지는 불가침의 기본적 인권을 확인하고 이를 보장할 의무를 진다.
> 제11조　　①모든 국민은 법 앞에 평등하다. 누구든지 성별·종교 또는 사회적 신분에 의하여 정치적·경제적·사회적·문화적 생활의 모든 영역에 있어서 차별을 받지 아니한다.

제11조까지는 기본으로 공익이나 공권력보다 개인인 국민이 사고의 중심에 서 있어야 되는 사항으로 느껴진다.

　이러한 입장에서 제34조와 제35조 그리고 제37조에는 국민의 자유와 권리에 대한 본질적 규정과 국가가 어떤 노력을 해야 하는지도 명시되어 있다. 이는 다른 말로 공익적 임무를 담당하는 도시계획가가 어떤 자세로, 어떤 가치관을 가지고, 어떤 노력을 기울여야 하는가를 제시하는 것이라고 볼 수 있다.

제34조   ①모든 국민은 인간다운 생활을 할 권리를 가진다.

②국가는 사회보장·사회복지의 증진에 노력할 의무를 진다.

③국가는 여자의 복지와 권익의 향상을 위하여 노력하여야 한다.

④국가는 노인과 청소년의 복지향상을 위한 정책을 실시할 의무를 진다.

⑤신체장애자 및 질병·노령 기타의 사유로 생활능력이 없는 국민은 법률이 정하는 바에 의하여 국가의 보호를 받는다.

⑥국가는 재해를 예방하고 그 위험으로부터 국민을 보호하기 위하여 노력하여야 한다.

제35조   ①모든 국민은 건강하고 쾌적한 환경에서 생활할 권리를 가지며, 국가와 국민은 환경보전을 위하여 노력하여야 한다.

②환경권의 내용과 행사에 관하여는 법률로 정한다.

③국가는 주택개발정책 등을 통하여 모든 국민이 쾌적한 주거생활을 할 수 있도록 노력하여야 한다.

제37조   ①국민의 자유와 권리는 헌법에 열거되지 아니한 이유로 경시되지 아니한다.

②국민의 모든 자유와 권리는 국가안전보장·질서유지 또는 공공복리를 위하여 필요한 경우에 한하여 법률로써 제한할 수 있으며, 제한하는 경우에도 자유와 권리의 본질적인 내용을 침해할 수 없다.

그리고 헌법의 마지막 부분인 '제9장 경제'의 제119조부터 제123조까지 그리고 제126조는 국토계획과 도시계획을 수행하기 위한 가치판단의 가장 필수적인 근거가 된다. 왜냐하면, 이 조항에는 경제활동, 자원개발과 이용, 경제제도 나아가 자연보전을 비롯한 국토의 효율적 이용까지 도시계획가가 다루어야 할 모든 분야가 망라되어 있기 때문이다.

제119조 ①대한민국의 경제질서는 개인과 기업의 경제상의 자유와 창의를 존중함을 기본으로 한다.

②국가는 균형 있는 국민경제의 성장 및 안정과 적정한 소득의 분배를 유지하고, 시장의 지배와 경제력의 남용을 방지하며, 경제주체간의 조화를 통한 경제의 민주화를 위하여 경제에 관한 규제와 조정을 할 수 있다.

제120조 ①광물 기타 중요한 지하자원·수산자원·수력과 경제상 이용할 수 있는 자연력은 법률이 정하는 바에 의하여 일정한 기간 그 채취·개발 또는 이용을 특허할 수 있다.

②국토와 자원은 국가의 보호를 받으며, 국가는 그 균형 있는 개발과 이용을 위하여 필요한 계획을 수립한다.

제121조 ①국가는 농지에 관하여 경자유전의 원칙이 달성될 수 있도록 노력하여야 하며, 농지의 소작제도는 금지된다.

②농업생산성의 제고와 농지의 합리적인 이용을 위하거나 불가피한 사정으로 발생하는 농지의 임대차와 위탁경영은 법률이 정하는 바에 의하여 인정된다.

제122조 국가는 국민 모두의 생산 및 생활의 기반이 되는 국토의 효율적이고 균형 있는 이용·개발과 보전을 위하여 법률이 정하는 바에 의하여 그에 관한 필요한 제한과 의무를 과할 수 있다.

제123조 ①국가는 농업 및 어업을 보호·육성하기 위하여 농·어촌 종합개발과 그 지원 등 필요한 계획을 수립·시행하여야 한다.

②국가는 지역간의 균형 있는 발전을 위하여 지역경제를 육성할 의무를 진다.

③국가는 중소기업을 보호·육성하여야 한다.

④국가는 농수산물의 수급균형과 유통구조의 개선에 노력하여 가격안정을 도모함으로써 농·어민의 이익을 보호한다.

⑤국가는 농·어민과 중소기업의 자조조직을 육성하여야 하며, 그 자율적 활동과 발전을 보장한다.

제126조 국방상 또는 국민경제상 긴한 필요로 인하여 법률이 정하는 경우를 제외하고는, 사영기업을 국유 또는 공유로 이전하거나 그 경영을 통제 또는 관리할 수 없다.

결론적으로 헌법은 우리나라 사람이라면 누구나 예외 없이 가장 기본적으로 따라야 할 만민공통법이다. 물론 각론을 해석하거나 받아들이는데 여전히 서로 다른 해석이 발생할 수도 있다. 사람마다 어디에다 얼마만큼의 가치를 두고 있느냐에 따라 정도의 차이가 발생할 수 있다. 하다못해 헌법재판소의 헌법재판관들조차도 헌법 소원에 대해 답변하면서 소수의견 등의 형태로 완전히 다른 방향의 견해를 제시하는 경우가 있다.[14] 이처럼 도시계획가들도 완전히 다른 방식의 처방을 내놓을 수 있다. 특히 미국에서 유학한 교통계획가 A와 독일에서 유학한 교통계획가 B가 있다고 할 때 하나의 사안을 놓고도 사뭇 다른 방식의 해결방안을 제시할 때가 있다. 그러나 이 또한 먼저 생각해볼 것은 첫째, 왜 나라마다 똑같아 보이는 사안을 놓고 다른 처방을 내렸는지, 둘째, 우리나라에

---

14 재미있는 사례가 있다. 2004년 10월 21일에 이뤄진 '신행정수도법 위헌확인 결정'과 관련된 판결내용인데, 도시계획가뿐만 아니라 수많은 사람의 뇌리에 '관습헌법'이라는 표현과 더불어 남아 있을 것이다. 이와 관련된 사항은 헌법재판소의 홈페이지(www.ccourt.go.kr)를 방문하여 '최근선고·변론사건'을 들어가 보면 자세히 살펴볼 수 있다. 이뿐만 아니라 2002년부터 이루어진 판결내용이 다 망라되어 있어 하나씩 음미해보는 것도 헌법을 이해하고, 헌법을 해석하는 헌법재판관의 고충과 판단력을 이해하는 데 커다란 즐거움이 될 것이다. 무엇보다 선고와 사건의 사안 제목만 보더라도 도시계획과 관련된 사항이 상당히 많다는 사실을 확인할 수 있어, 이를 살펴보는 것만으로도 도시계획가로서 역량을 키우는 데 커다란 도움이 되리라 생각한다.

이를 적용할 때 어떤 사회적 요소를 살펴보아야 하는지 그리고 셋째, 이러한 차이를 확인하면서 우리에게 무엇이 옳은 것이 될 것이고 무엇이 그른 것이 될 것인지를 함께 숙고하여 더 나은 것을 찾아가는 것이다. 이렇게 논의하고, 검증하다 보면 가장 오류가 적을 것으로 예상되는 최적 대안에 성큼 다가가 있을 것이다. 이런 의미에서 헌법정신을 마음에 새기고 헌법조문을 숙지하고 있는 것은 도시계획가에게 정말 필수불가결한 자격요건이라고 볼 수 있다.

세종시, The City of the thousand Cities (Perea),
2005년 11월 국제공모 당선작 중의 선정된 계획과 설계구상

　세종시, 환상형 도시구조로 기능이 평등하게 분산된 '위계없는 도시'를 추구한다. 계획가들은 세종시 계획이 수도권 집중을 억제하는 소극적 정책에서 탈피하여 지방의 자립적 발전기반을 구축하려는 새로운 도시개발 전략이라고 자평했다. 이런 관점에서 헌법정신에 맞추어 사고의 전환이 이루어진 긍정적 도시개발 사례라고도 볼 수 있다.

계획가의 도시와 농촌정책 아이디어, 새로운 사고, 새로운 접근

　이어지는 글은 2018년 1월 24일~26일 대통령직속 지방자치발전위원회와 대통령직속 지역발전위원회가 주최하는 '2018 지방분권과 균형발전 비전회의'에서 발표한 정책제언의 초안이다. 도시계획가가 어떤 자세를 갖고 우리나라의 국토정책을 고민하며, 발전방안을 모색하려는지, 그리고 정부가 어떤 목소리에 귀 기울이도록 하려는지 전문가의 고민을 살펴볼 수 있다.

농촌학교, 도농상생과 공존을 위한 혁신적 접점

- **슬로건** : 대한민국의 새지평!
- **일   시** : 2018.1.24.(수) 14:00~1.26.(금) 12:30
- **장   소** : 제주 국제컨벤션센터
- **주   최** : 지방자치발전위원회, 지역발전위원회, 36개 학회 공동
- **주   관** : 지방분권과 균형발전 비전회의 조직위원회
- **후   원** : 행정안전부, 제주특별자치도

목 차

(1) 들어가는 말: 인구격차, 인구절벽시대, 어떤 정책을 세울 것인가?

혹시 이 네 권의 책 중에 한 권이라도 읽어보셨습니까? 이 네 권의 책이 공통적으로 말하고 있는 것이 무엇인지는 아십니까? 이 네 권의 책은 1980년대부터 2000년대에 들어서기까지 지구 위 선진국이라 불리는 나라들이 거의 공통적으로 겪고 있으며, 머지않은 장래에 아주 심각한 사회문제로 비화될 '인구'문제를 논하고 있습니다. 특히 그 심각성이 일본과 대한민국, 그 중에서도 대한민국이 얼마나 심각한 상황에 처하고 있는지를 말해주고 있습니다. 물론 이 책에서 저자들이 말하는 정책적 대안에 대해서는 사뭇 다른 견해를 가지고 있지만, 문젯거리로 파악된 "고령화, 인구감소 그리고 이에 따른 결과적 현상으로 지방도시의 소멸, 아니 궁극적으로 '국가공동체가 공멸할 수도 있다'는 생각"에는 깊이 공감하고 있습니다. 오히려 이런 국가공동체의 공멸보다도 더 나아가 결코 가볍게 넘겨버릴 수 없으며, 이미 우리 사회에서도 심각한 위기적 징후로 드러나고 있으며, 무엇보다 어쩌면 앞으로 돌이킬 수 없는 상황으로 치달을 수 있는 징후는 '돌이킬 수 없음'이라는 경고라고 봅니다. 바로 이러한 위기의식을 적나라하게 드러낸 책들이기에 그리고 오늘 제가 맡은 발제문의 문제의식에 단초를 제공하고 있기에 가장 먼저 이를 소개해보았습니다.

(2) 새로운 사고, 혁신적 접근은 없는가?

책의 저자들이 한결 같이 외치는 지역정책의 하나는 '중위도시를 사수하자'며, 다른 하나는 '농촌과 같은 소도시를 합리적으로 downsizing 하자'라는 것입니다. 그러나 인구감소의 추세와 농어촌 도시인구의 쇠퇴에 발맞춰 계속해서 downsizing만 하려는 것이 맞는 정책일까요? 즉, 저의 반론은 "추세(trend)에 맞춰 따라가기만 한다면 나중에는 돌이킬 수 없는 상황에 맞닥뜨릴 것이다."라는 것입니다. 왜냐하면 우리가 얼마나 이런 논리로 국민을 그리고 국가를 우롱해왔는지 아십니까? 추세만 맞춘다면 예를 들어 수도권에 인구가 많은데 그곳이 낙후되면 다수가 곤란하니까 그곳에 예산을 더 많이 투입해야 한다는 논리나 별반 다를 바가 없기 때문입니다. '추세론'에 맞춰서 세상사를 보면 국가사업의 경중도 예비타당성에 따라, 농어촌과 같은 지방도시는 적은 인구와 감소하는 인구로 그 어떤 경제적 타당성도 없기 때문에 예산을 줄 수 없다는 논리까지 나아가게 됩니다. 또 다른 사례로 지금은 저성장시대라서 모든 것을 저성장에 맞춰 계획해야 한다는 논리를 앞세우게 되고, 이는 다시금 우리의 모든 사고구조가 추세만을 좇다가 결국 지금까지 반복되어온 '한정된 재원의 선택적이고 효율적 투자론'에 빠져 인구가 집중하고 있는 수도권에 투자하는 것이 가장 효율적이라는 사고에 빠져들 수밖에 없다는 것입니다.

지방은 더 쭈그러들고 있습니다.

그렇기 때문에 여기서 다른 생각을 해보려고 합니다. 어떤 기업이 있습니다. 그 기업에서 생산된 제품의 수요가 점점 줄어 매출액이 줄어든다고 그런 수요추세에 맞추어 기업의 경영계획을 수립합니까? 현대사회의 정부가 '국가'를 경영하는 하나의 '기업'으로 바라보는 시대에 살면서 언제까지 추세만을 주장할 수 있습니까? 이것은 정말 안일하기 그지없는 생각이 아닙니까? 제가 그 회사의 대표라면 이런 추세만을 주장하는 직원들은 결코 계속 남겨두지 않을 것입니다. 이런 '추세론'에 갇혀버린 사고를 끊어버리고 새로운 사고를 하도록 유도할 것입니다.

– 다운사이징이 해답일까?

저는 다운사이징(downsizing)은 정말 써야 할 곳에 제한적으로 써야 할 정책이며, 그 방식 또한 단순히 다운사이징을 위해서가 아니라 업사이징을 위한 과도기적 방법으로 도입해야 한다는 것입니다.

– 업사이징이 가능하다

그럼 어떻게 하는 것이 업사이징(upsizing)을 위한 방법일까요? 우리는 과거에 도전적 사고와 발상을 가졌었습니다. 정책가건 계획가건 추세를 꺾어보려는 호기가 있었습니다. 그런데 10여 년 전부터 저성장시대니, 인구감소시대니 하면서 생각이 아주 현실안주적으로 바뀌기 시작했습니다. 정책대안이라는 것은 나오지 않고, 현실에 어떻게 하면 그냥 연착륙할 것이냐만 고민했습니다. 이것이 제가 비판적 시각으로 바라보는 점입니다. 그래서 지금부터라도 핵심을 짚어 업사이징을 위한 정책방향을 설정해야 한다는 것입니다. 그리고 그 핵심 중의 하나가 '인구감소'를 '인구증가'로 돌이키는 방안을 찾자는 것이고, 다른 하나가 '농촌도시의 소멸'을 '농촌도시의 부흥'으로 바꿀 방안을 찾자는 것입니다. 전자의 사안이 인구의 자연증감과 관련된 정책을 찾는 것이라면, 후자의 사안은 인구의 사회적 이동과 관련된 정책을 찾아내려는 것이라고 봅니다.

저는 오늘 발표를 통해 후자의 사안인 '인구의 사회적 이동'과 관련된 정책을 통해 농촌도시를 살릴 수 있는 방안으로서 '도시학교와 농촌학교의 상생협력모델 구축방안'을 소개해보겠습니다.

(3) 하나의 대안, "도시학교와 농촌학교, 새로운 상생의 모델은 될 수 없는가?"

(3.1) 사라져가는 농촌학교, 줄어드는 학생을 다시 채우다.

(3.1.1) 어떻게 사라져갈까?

다음에 제시한 사진은 2017년 5월 어느 날 대한국토·도시계획학회 지자체정책자문단 세미나에서 장수군의 전임 과장님께서 발표하신 자료에 들어 있던 것입니다. 주의 깊게 살펴볼 것은 장수군의 어느 초등학교 입학과 관련된 플래카드의 신입생 수와 입학식 장소입니다. 2015년 입학생 수는 14명이었습니다. 그리고 입학식은 수남 초등학교 강당에서 개최되었습니다. 그런데 2017년 입학생 수는 6명으로 급감했습니다. 2년 만에 50%에도 못 미치는 수로 줄어든 것입니다. 게다가 입학식이 개최된 장소로는 강당이

너무 커서 이제는 수남 초등학교 도서관으로 바뀌습니다.

이런 추세라면 2018년, 아니 2019년이 되면 입학생은 더 이상 없을 수도 있고, 학교는 폐교로 치닫는 수도 있을 것입니다.

결국 장수군에서 초등학교가 사라져가는 추세를 살펴보니 1980년대에 32개교였던 것이 2010년에는 9개교로 줄었습니다. 이런 추세라면 2020년 즈음되면 초등학교 3~4개도 많다고 하지 않을 수 없습니다. 이런 위기상황은 표에서 보면 알겠지만 이미 학생 수가 급격히 줄어드는 1985년부터 시작되었고, 이때 이미 정책적 접근이 시급하게 이뤄졌어야 할 시기였다는 것입니다. 그것도 늦은 시점이기에 다시 말해 인구정책, 농촌정책은 완전히 실기했습니다.

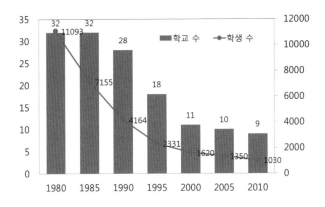

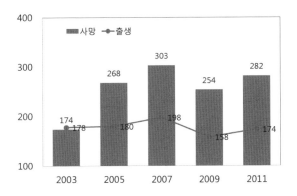

더 걱정스러운 것은 자연적 인구감소라는 점입니다. 지금 농촌이 버텨왔던 것은 어느 정도의 '젊은' 노령인구가 남아 있었다는 것과 인구의 자연증감비가 대체로 1 : 1 수준을 유지했다는 것입니다. 자연적 인구증감의 균형이 맞춰져 있었던 것입니다. 그런데 이것이 2000년대에 들어서 완전히 무너졌습니다. 새로운 아이들 세대가 태어나는 자연증가는 거의 변동이 없던지, 점차 줄어주는 추세를 보이는데, 고령자의 사망은 급격히 증가해서 이 자연증감비가 2 : 1 수준을 넘어섰다는 것입니다. 이는 특단의 대책이 마련되지 않는 이상 해당 자치단체의 총인구수는 급격히 줄어들 수밖에 없는 상황이라는 것입니다.

이것은 장수군만의 문제가 아니라 우리나라 대부분의 농산어촌이 거의 동일하게 겪고 있는 문제입니다. 그렇다면 우리는 이런 심각한 상황을 놓고 "이 패를 버릴 것이냐 말 것이냐?"를 결정해야 할지 모르겠습니다. 여기서 '패를 버린다'란 시골학교를 줄이는 것을 넘어, 아예 시골도시 자체를 완전히 소멸시키는 것일 수 있습니다. 하지만 이렇게 무조건 축소도시, 즉 downsizing 정책만이 중요하다고 외쳐야 하냐는 것입니다. 다른 대안은 없냐는 것입니다.

(3.1.2) 어떻게 해야 할까?

저는 무조건적인 '폐교·폐쇄, 혹은 축소'만이 해답은 아니라고 봅니다. 오히려 인식전환이 시급하고 문제의 근본을 보는 시각이 달라져야 한다고 생각합니다. 문제의 근원은 정주인구만을 놓고 보는 관점입니다. 정주인구만을 놓고 보면 급격한 인구감소가 이뤄지는 곳들은 계속 행정기능도 축소시켜야 하고, 그에 상응해서 예산도 줄여나가야 합니다. 학교 폐쇄와 폐교도 필요합니다. 하지만 인구라는 것이 정주인구 외에 이동인구, 즉 야간인구만이 아닌 주간인구의 측면도 존재한다는 것입니다. 전주의 한옥마을은 연간 천만 명(?)의 관광객이 찾는 장소로 알려져 있습니다. 이로 인해 지역 경제가 활성화되다 못해 오히려 과열현상까지 빚어지고 있다고 합니다. 이런 측면에서 현대사회는 단순히 하나만의 사항으로 도시를 관찰하거나 평가할 수 없습니다. 저는 이동인구 측면에서 이를 촉진하는 방향을 찾아보자는 것입니다.

그 하나의 방법이 인식전환을 통해 시골학교를 대한민국 국민 모두가 거쳐 가는 생명·생태교육의 현장이요, 균형발전을 위한 기초가 되는 초석이요, 국가정신의 교육자원으로 인식하도록 만들자는 것입니다. 왜 시골이 텅 비는 줄 아십니까? 도시에서 자라난 사람들은 어려서부터 시골에 와보지 않았기 때문에 시골은 불편할지 모른다는 막연한 염려 그리고 시골에서 살면 뒤쳐질 지도 모른다는 막연한 두려움을 가지고 있기 때문입니다. 시골, 말은 좋지만 살만한 데는 아닐 거고, 살게 되더라도 나중에 나이 먹어 귀농해서 한번 도전해볼 곳 정도로 생각합니다. 마치 젊은이들이 재래시장에 가지 않는 것과 비슷합니다. 재래시장에 그렇게 많은 예산을 투입해 현대화를 시행해도, 어려서부터 대형마트에 익숙해져 있기 때문에 재래시장에 쉽게 가지 않게 되며, 마음속에도 재래시장은 왠지 더럽고, 불편한 곳 같다고 느끼고 있는 것입니다. 저는 어려서 재래시장에 어머니 손을 잡고 갔던 경험이 많습니다. 우리가 어렸을 때는 대형마트가 없었으니깐요. 그래서 그때의 추억이 생각나 지금도 내 고향 서울로 출장을 가면 왠지 짬을 내서 경동시장도 가보고, 광장시장도 가보고, 남대문시장도 가보곤 합니다. 경험이 없었으면 찾게 되지 않고 아마 백화점 중심으로 다니겠지요.

이처럼 시골을 더 텅 비게 만드는 '텅 빈 정책'이 아닌 시골에 어려서부터 자꾸 찾아와 머물러보고 경험하고 느끼고 맛보고 즐기는 가운데 시골이 정말 살만한 곳이요, 애착이 가는 곳이요, 즐거운 곳이요, 언제든 다시 꼭 돌아오고 싶은 곳이라는 것을 '어렸을 때부터' 느끼게 해주면, 세 살 버릇 여든까지 간다는 속담처럼 자연스럽게 찾아오는 공간이 될 것입니다. 무엇보다 수많은 사람들이 자신의 소속감, 동질감을 중고등학교 때 '동창'들에게서 찾는 것처럼 ─ 이는 우리나라만 그런 것이 아니라 유럽 대부분의 나라 사람들도 그런 동질감을 갖고 있는데 ─ 초등학교 때부터 심어줄 수 있다면 이는 지역의 균형발전을 이루는 확실한 끈도 될 수 있다고 봅니다.

따라서 제가 제시하는 핵심적 아이디어 중 하나는 다음과 같습니다. "2~3개의 도시 초등학교와 1개의 농촌 초등학교가 학생을 교류하는 것"입니다. 구체적으로 4~6학년을 중심으로 한 반씩 시골학교에 한 달씩 교환학생으로 나가서 수업을 진행하는 '시골학교·도시학교 두 개의 졸업장 정책'을 도입하는 것입니다. 물론 개인적으로 신청을 해서 이렇게 시골학교에 올 수도 있습니다. 방법은 여러 가지가 될 수 있습니다.

어쨌든 구체적 실행방안은 다음과 같습니다. 도시학교의 한 학년이 한 달 동안 반별로 돌아가며 시골학교에서 기숙하며 수업을 진행하면서 머물러 지냅니다. 이렇게 9개 학급이 돌아가며 진행하면 시골학교에서 1년(대략 9개월, 9개 학급)간 수업이 연중무휴로 끊임없이 진행될 수 있습니다. 즉, 학교가 비지도 않고, 교사가 지속적으로 교육을 시행할 수 있다는 것입니다. 기존의 시골학교선생님은 지속적으로 자기 학교에서 자신에게 새롭게 부여된 학생들을 맡아 평소처럼 가르치면 되고, 여기에 도시의 원래 학교 선생님도 필요시에 함께 수업을 나눠서 진행하여 2인 교사의 협력수업도 옵션으로 도입할 수 있습니다. (옵션인 것은 도시학교 원래 담임 선생님들의 거주지와 가정생활에 따라 출퇴근이 용이치 않을 수 있기 때문에 의무사항이 아닌 특정일 동안만 이를 수행하는 사항으로 적용할 필요가 있다는 것이지요.) 따라서 누가 놀거나 새롭게 선생님을 수급해야 하는 일이 발생하지 않습니다. 그렇게 시골학교로 간 아이들은 학교기숙사에서 생활하다가 주말에 도시로 돌아오며, 4학년부터 6학년이 될 때까지 매년 한 달 정도씩 3년을 이렇게 하면서 졸업장을 두 개 받도록 하는 것입니다. 이것이 확대되면 시골학교의 수용능력을 갖추어 두 반, 세 반이 함께 동일시점에 가는 계획도 수립할 수 있겠죠. (다시 말해 이 경우는 기숙사의 규모, 식당의 규모 등을 확대하여 모든 기반시설이 수요에 맞춰 확장된 뒤에 가능할 겁니다.)

(3.2) 시골학교는 어느 수준으로? "내 집 같은 잠자리, 엄마의 손길 같은 먹거리 그리고 놀이공원 같은 체험거리"

1. 먼저 **시골학교의 기숙사**는 어떻게 지어야 할까요? 학교에 비어 있는 교실 몇 개를 냉난방시설이 제대로 이뤄지고, 모기 등 해충으로부터 방해 받지 않는 환경으로 정말 쾌적한 '내 방 같은 기숙사'로 개조할 필요가 있습니다. 앞서 제기했던 더러운 곳이나 낙후화된 곳이면 안 된다는 것입니다. 그리고 가능한 사적 생활이 침해되지 않도록 해야 한다는 것입니다. 예를 들어 하나의 교실을 개인의 사적 생활이 보장된 '집(아파트 혹은 콘도미니엄 공간)'과 같이 꾸며, '공부방, 침대방, 온돌방' 등이 갖춰진 생활공간을 만들어낼 필요가 있습니다. 부엌을 제외하고 화장실도 2인 1개 정도로 이뤄지는 공간을 마련해주어, 최첨단 호텔, 놀이공원의 숙박시설과 같은 숙박환경을 만들어주어야 합니

다. 잠자리의 이부자리 등은 정말 청결하게 운영될 수 있도록 새로 들어오는 아이들에 맞춰 필요할 때마다 청결하게 세척과 세탁이 이뤄지도록 하는 시스템을 구축해야 합니다.

2. 선생님들에게도 단순히 임시거처용 관사만 있는 것이 아니라 학생들이 함께하는 **선생님 - 학생의 공동관사동**을 갖추어 나갈 수도 있습니다. 물론 이는 그 학교로 파견된 선생님들이 주중에 집처럼 머무는 거처가 되는 곳이지요.

3. 식사는 **공동식당**을 마련하여 함께 공동생활을 하는 즐거움을 누리도록 합니다. 일반적으로 음식은 마을 주민이 참여하여 식사를 준비하며, 이런 마을 주민들의 활동은 새로운 일자리로 간주하여 적정한 인건비를 지불하여 마을기업의 효과가 이뤄지도록 합니다. 농민들이 학교의 급식당번이 되어 먹거리를 공급하는 주인이 되는 것이고, 농촌을 알리는 선생님이 되기도 하며, 마을 어른이 주중에 아이들의 부모가 되어주는 사회가 되는 것이지요. 학생들이 물론 매일 똑같은 음식만 먹는 것은 아닐 테니 해당 도시나 마을에 있는 외부음식점에서 아이들이 먹고 싶은 간식거리를 시켜서 먹을 수도 있습니다. 어쨌든 이것은 아주 일상적인 것이라 달리 말할 필요도 없으므로 생략해도 되겠고요. 아이들이 마을로 들어옴으로써 지역경제가 조금씩 더욱 활성화되는 효과를 기대할 수 있게 되는 것입니다.

4. 그런데 기숙사, 식당 등 다양한 시설의 관리, 식재료 등의 조달과 운영 등의 업무를 수행하는 데는 '**마을관리사/학교관리사(가칭)**' 제도를 도입하는 것이 필요합니다. 이는 새로운 일자리에 해당하는 것으로 젊은 세대가 농촌에 정착하여 일할 수 있게 하는 새로운 형태의 일자리라고 할 수 있습니다. 이들의 역할은 다양하게 부여될 수 있습니다.

예를 들어 학교에서 일어날 수 있는 일에 초점을 맞춘 학교관리사 제도를 도입하는 것입니다. 이것은 아주 작은 일이고요, 마을의 공공복지, 농사 등의 업무지원, 다양한 마을관리의 업무를 담당하는 마을관리사 제도로 확대하여 마을주민의 안전과 건강 그리고 치안까지도 살피는 역할을 부여할 수 있습니다. 국가는 이들을 양성하여 마을전문가로 활동하도록 해야 합니다. 이미 이런 저의 생각을 일본은 실천에 옮겨 큰 효과를 보고 있었습니다. 앞에서 보여드렸던 책《지방소멸》에는 일본 지방도시가 채택한 청년회귀 마을관리사 제도의 성공사례를 모범적 사례로 대서특필하고 있습니다. 이런 공공복지사 혹은 마을관리사가 농어산촌으로 들어올 때는 그곳에서 활동하는 동안 해당 지역에서 주거비 걱정이 없이 관사처럼 거주할 수 있는 주택, 차량까지도 지원해주는 정책을 도입하는 것이 필요합니다. 이것이 성공적으로 정착되면 마을기업형태로 확대하며, 마을주민과 함께 마을기업을 운영, 관리하는 촌장으로 성장하는 방안도 마련할 수 있습니다. 우리나라에서도 성공사례가 완주군의 안덕마을에 실제로 있습니다.

5. 결론적으로 학생들이 묵을 기숙사의 주거환경은 아이들이 "우와~" 하고 탄성을 지를 만큼의 꿈이 키워지고 살아나는 공간으로 만들 필요성이 있습니다. 나아가 이런 공간적 설계를 넘어서 농촌학교에서의 수업도 지역특색, 농촌특색에 맞는 방과후 수업 등을 진행하며, 농촌을 정말 신나게 체험하는 기회를 얻어 건강한 정신과 건강한 육체가 만들어지도록 합니다. 그렇다고 영어 등 도시학원에서 배워야 하는 것이 느슨해지는 것이 아니라 충분히 방과후 선생님을 통해 배울 수 있도록 지원하는 것도 필요합니다. 이를 위해 대학과 연계하여 우수한 인력의 대학생들이 적정한 임금을 받고 지역에서 어린이들과 만나

서 거의 1 : 1 수준의 어학교육, 수학교육 등이 이뤄질 수 있는 1 : 1 내칭 대학생 방과후 선생님 제도를 갖출 필요도 있습니다. 이것은 전라북도 장수군과 전북대학교 등 지역 내 대학이 실시해 엄청난 반향을 일으켰던 정책이기도 합니다. 어쨌든 이 모든 것을 떠나 무엇보다 맑은 공기, 깨끗한 물, 시원한 바람, 살아 있는 나무와 숲 등 건강하고 즐거운 농어산촌을 체험할 수 있도록 다양한 체험기회를 제공하는 교육방식을 도입하는 것이 모든 참여자들에게 기억에 남을만하고 또 다시 참여하고 싶은 욕구를 불어넣어줄 방안이라 생각합니다.

(3.3) 두 장의 졸업장, 내 고향이 생기다.

두 장의 졸업장이란 무엇이고, 무슨 의미가 있을까요?

'두 장의 졸업장'이란 먼저 3년 과정을 마친 모든 학생에게 도시학교에서는 진짜 본교 졸업장을, 그리고 농촌학교에서는 명예졸업장을 수여하는 것입니다. 똑같이 졸업식도 하고, 똑같이 졸업장도 받습니다. 이렇게 하는 이유는 무슨 의미일까? 한마디로 소속감이요, 애착심이 생기도록 하는 행사인 것이죠. 이를 통해 나이가 들어서도 내 고향의식을 가질 수 있습니다. 기억이고 돌아갈 곳이고, 잊을 수 없는 곳이 될 것입니다. 성인이 되어 이들이 사회에 진출했을 때, 사업가가 되어 사업구상을 하다가 내가 자란 곳에서 투자를 해보겠다는 생각을 할 수도 있을 것이며, 예산을 다루는 국가공무원이 되어 내가 자란 곳에 예산을 더 많이 배정할 수 있을 것입니다. 어릴 때 친구들과 동문회를 만들어 활동하면서 내 고향을 중심으로 똘똘 뭉칠 수도 있습니다. 그리고 내 고향의 아픔을 더 이해하고, 더 큰 도움을 주며, 무엇보다 스스로 당장 몸은 떠나 있을지라도 마음으로는 이곳의 주인으로 자라날 것이기 때문입니다. 두 장의 졸업장, 달랑 종이 두 장이지만 그 속에 남아 있는 사진과 삶의 기억은 종이 두 장을 넘어 학생들 내면 내제되어 결코 지울 수 없는 정체성이 될 것이고, 그들의 자녀세대에게까지도 전달될 소중한 자산이 될 것입니다. 앞서 3년이라고 말했지만 실제는 3개월 정도에 불과합니다. 그러나 이 3개월은 미래 30년을 내다보는 꿈같은 시간이 될 것입니다.

저는 이런 장기적 꿈을 갖고 지방 시골학교 살리기의 프로젝트를 범국가적 시범사업으로 추진하도록 제언하는 것입니다.

(4) 학교를 통한 지역상생 계획수립

초고령사회로 접어든 우리의 농산어촌, 언론은 벌써부터 더 이상 아이들의 울음소리, 웃음소리가 들리지 않는 사회라고 떠들어 왔습니다. 그러나 어떤 정치인 하나 제대로 나서서 정말로 이것이 심각하기 그지없으니 정말 시급하게 아이들의 웃음소리가 함께 들리는 사회로 만들어야 한다고 달려들고 있지 않습니다. 만약 지금 정부가 나서지 않으면 앞으로 도시에 지금까지 풍부하게 먹거리를 공급해왔던 농촌은 사라질 것이고, 단순히 먹거리의 문제가 아니라 도시에 끊임없이 화수분처럼 노동인력을 공급해왔던 농촌은 사라져 버릴 것입니다. 그렇게 되면 그때 가서 도시는 땅을 치고 후회해봤자 돌이킬 수 없는 말기증세에 시달릴 뿐입니다.

따라서 앞서 제안한 아이디어가 현실적으로 가능하도록 만들어야 할 것입니다. 즉, 현실적으로 가능하게 만들기 위해서는 부처 간의 협력이 절대적으로 필요합니다. 그리고 처음부터 무리하게 모든 곳에 도입하자는 것도 아닙니다. 늦었지만 정말 제대로 정착되도록 하려면 예상가능한 문제점부터 철저하게 제거해나가면서 차근차근 하나씩 도입해야 합니다. 시범사업부터 하나씩 장기계획을 수립하면서 단계적으로 꾸며가야 합니다. 일단 도시에서 너무 먼 농촌학교로 들어가기보다 도시기능과 농촌기능이 복합적으로 살아있는 지방자치단체의 도시학교로부터 지원자를 모집하여 재정적 지원과 정책적 지원의 인센티브를 기반으로 정책을 펼쳐나가야 합니다. 실제적으로 제가 이야기해본 사례로 긍정적 입장을 보인 도시와 지자체장은 전라북도 완주군과 박성일 군수님이셨습니다. 이런 곳부터 특별예산을 투입해서 기반을 닦고 시범사업을 실천해 들어가야 합니다.

이를 수행하기 위해서는 부처 간 협력이 무엇보다 중요합니다. 사실 부처 간 주도권 싸움이나 회피는 커다란 장벽이 되기도 합니다. 이를 제어할 수 있는 기구가 지역균형발전위원회라고 봅니다. 왜냐하면 바로 이런 정책은 단일 부처가 수립할 수 없고 부처협력적 사업을 추진할 때 효율적으로 일을 할 수 있기 때문입니다. 그래서 테스크포스팀을 만들어주고 이를 함께 추진하도록 하는데 지역위의 역할이 도모되는 것입니다. 그리고 지역발전위원회를 헤드쿼터로 국토부, 농림부, 교육부가 함께 협력체를 구축하는 것, 또 지역발전위원회를 헤드쿼터로 복지부와 농림부의 협력체를 구축하는 것 등이 필요합니다.

(4.1) 국토부, 농림부 그리고 교육부 부처의 벽을 허무는 초부처 간 협력

국토부와 교육부의 협력은 기반시설의 구축과 밀접한 관련이 있다고 봅니다. 어떤 시설을 구축할 때 구축된 시설이 과거처럼 단순히 학교시설이냐, 아니냐로 나눌 수 없는 상황에 처할 수 있기 때문에 계획과 설계 초기부터 부처 간에 협력과 조정이 필요하다는 것입니다. 이렇게 부처협력이 이루어질 때 사업시작 시기의 시간은 조금 더 걸리더라도 종합적 설계와 계획이 이뤄질 수 있으며, 오류를 미연에 방지해나갈 수 있다고 판단됩니다. 그리고 이런 협의체 속에서 예상치 못한 난관이 발생하거나 부닥칠 때에도 협력적으로 개선안을 찾아낼 수 있다고 판단됩니다.

(4.2) 학교/마을관리사 도입을 통한 일자리 창출, 복지부와 농림부의 초 부처 간 협력

앞서 부처 간 협력이 시설 등과 관련된 물리적 환경의 계획과 관리에 초점을 맞추고 있다면, 복지부와 농림부의 협력은 가칭 학교/마을관리사 등과 같은 제도의 도입과 밀접한 관련을 맺고 있다고 봅니다. 이런 제도의 도입을 좀 더 효과적이고 광범위하게 확대할 수 있도록 하기 위해 부처 간 협력은 상당히 의미심장한 방안이라고 봅니다. 초기에는 국가가 주는 자격증취득과 연수를 받으면서 경력기반을 쌓고, 실제적으로 시골마을 혹은 시골학교에 투입되어 실질적인 업무를 수행할 때 어떤 일을 하도록 할 것인지, 어떻게 체계를 잡아가야 할 것인지 등을 부처협력을 통해 매뉴얼을 구축해 가는 것입니다. 또한 월급여나 보수체계, 주택 등의 제공 등은 기본적으로 공무원 보수체계에 맞춰서 주는 방안을 마련하는 것이 필요하기에 부처 간 협력은 더없이 필요하다고 봅니다. 특히 젊은층의 일자리 창출을 위해 기회를 제공하는 것이 더욱 필요하며, 이들이 어디에 어떤 형태의 주거공간을 마련하여 생활하게 될 것인가, 즉, 정주여건의 구축을 위해 어떤 지원을 할 것인가, 나아가 가족이 있을 경우에도 가족이 모여 안정적인 삶을 꾸리며 부여받은 업무를 담당해나가도록 하기 위해 어떤 지원을 할 것인가에 대한 대책을 마련해야 할 것입니다.

(5) 맺음말: 헌법이 말하는 국토계획

잘 아시다시피 "세 살 버릇 여든까지 간다."는 속담이 있습니다. 어려서의 경험은 인생 전체를 좌우하는 아주 커다란 자산입니다. 도시에서만 산 사람은 농촌을 이해할 수 없습니다. 그들이 정책결정권자가 되면 농촌은 무가치한 곳, 비효율적인 곳 등으로밖에 보이지 않을 것입니다. 또 지방은 경쟁력이 없는 곳, 우선순위에서 밀리는 곳으로밖에 보이지 않을 것입니다. 그러나 21세기가 되기까지 지방과 농촌은 대도시의 화수분과 같은 곳이었습니다. 식량과 자연자원뿐만 아니라 인구까지 공급해온 도시 최대의 공급처였습니다. 그래서 미국에서 21세기에 대두된 스마트 성장(smart growth)이론도 도시가 자족기능을 갖추고 지속가능성을 확보하려면 농업용지를 유지하며, 도시민이 농업활동을 할 수 있도록 해야 한다는 것을 핵심개념으로 내세우고 있습니다.

https://www.youtube.com/watch?v=tQjR6NyUfEQ&feature=youtu.be(좌)
http://allvod.sbs.co.kr/allvod/vodEndPage.do?mdaId=22000253353&btn=free(우)

이런 방송을 보신 적 있습니까? 우리나라에서 이제 막 움트고 있는 청년 농사꾼 운동입니다. 그런데 우리가 알고 있는 유럽은 1차, 2차 산업혁명이 일어나 최고의 산업선진국인데, 이 영상에 포함되어 있는 유럽국가들은 농어산촌의 가치를 여전히 가장 귀한 산업의 하나로 여기고 있습니다. 농민들에게는 농촌지킴이에 대한 월급까지 주고 젊은 유기농 농업인을 양성하고 있습니다. 젊은이들도 자신의 고장으로 돌아오려고 애까지 씁니다. 그런 농어산촌과 지방이 우리나라에서는 소멸하고 있습니다. 그렇게 되면 더 이상 대도시의 공급처가 존재하지 않는 세상이 된다는 것입니다. 이렇게 되면 이제 대도시는 그냥 괴멸해버리고 말지도 모릅니다.

예전에 TV에서 '혹성탈출'이라는 영화를 보신 적이 있는지요? 1963년 프랑스의 과학소설을 근거로 1968년 개봉한 영화로 그 이후에 TV드라마로도 우리나라에 소개되었습니다. 이 드라마 대사 중 제 기억에 남는 것은 노예로 잡힌 인간(테일러)이 지배자인 유인원들에게 하던 말이었습니다. 유인원들은 옥수수 씨를 크고 먹음직한 놈은 다 먹어 치우고 남아있는 것으로 심었는데 그러다 보니 매년 수확이 형편없어지는 것이었습니다. 식량고갈의 위기에 처한 것입니다. 이때 노예로 잡힌 인간이 남긴 말이 '크고 먹음직한 놈을 심어야 한다'는 것이었습니다. 이 말에 유인원들은 분란을 겪어야 했습니다. 저 인간노예가 자기 생명을 부지하기 위해 거짓말을 일삼고 있다고 말이죠. 그런데 그 다음 해에 진짜 더 크고 먹음직스러운 옥수수가 재배되었습니다. 식량위기가 전환되는 기폭제가 된 것입니다.

이런 위기의식과 의식의 전환을 갖고 시골과 지방을 대해야 합니다. 우리나라의 헌법은 결코 이렇게 말하지 않습니다. "국가는 효율성을 가장 우선시하고, 대도시를 중심으로 국토계획을 수립해야 한다." 오히려 분명히 밝히는 것이 모든 국민은 인간다운 생활을 할 권리를 가지고 있으며, 누구든지 성별·종교 또는 사회적 신분에 의하여 정치적·경제적·사회적·문화적 생활의 모든 영역에 있어서 차별을 받지 아니한다. 라고 말하고 있습니다. 대한민국 어디에 살던 말입니다. 헌법 전문에서도 대한민국은 국민생활의 균등한 향상을 기해야 한다고 말하고 있습니다. 이것이 국토계획에서 균형발전을 추구하는 기본정신이며, 도시에서든 지방에서든 모든 국민은 인간다운 생활을 할 권리를 부여받고 있는 것입니다.

　무엇보다 저의 이 제안이 도시학교에 아무런 피해를 주지 않는다는 것입니다. 오히려 도시를 더욱 풍성하게 살찌울 것입니다. 그리고 무엇보다 우리는 아직도 농촌의 가치를 제대로 알고 있지 않습니다. 도시의 시각으로 농촌을 바라보니 농촌이 별것 아닌 것처럼 보이지만 사실 간간이 들려오는 소식 속에서 도시에서 중병을 앓던 중환자가 산 속으로 들어가 살면서 완치된 인생을 살고 있다는 그래서 그런 사람들이 어마어마하게 늘어나고 있다는 그런 소식을 들으면서 농촌이든 산촌이든 이곳의 가치가 도시의 가치보다 훨씬 어마어마할 것이라는 상상을 해봅니다. 지금은 제 말이 허튼소리처럼 들릴지 모르지만 그리고 제가 하면서도 저도 잘 모르겠지만 만약 이것이 사실이라면 우리는 우리의 자녀를 데리고 하루 빨리 도시를 탈출해야 할지도 모르겠습니다.

계획방식,
어떤 것이 도시계획가의 올바른 행위방식일까?

마천루의 건물로 멋지게 꾸며진 도시풍경이다. 그러나 과연 이면의 모습은 어떨까?

계획방식,
어떤 것이 도시계획가의 올바른 행위방식일까?

　계획은 영어로 'plan'과 'planning'으로 나뉘진다. 'plan'이 계획의 결과물에 강조점을 두고 있다면, planning은 계획과정에 주안점을 두는 것이다. 결과물로서의 계획이 아무리 훌륭하더라도 계획과정으로써의 계획이 그릇된 것이라면 그 결과물로서의 계획은 정당성을 얻기 힘들 수 있다. 이런 관점에서 본 단락에 기술되어 있는 계획이란 'planning'에 해당한다. 그것을 계획방식이라고 표현하였으며, 이런 차원에서 지금까지 도시계획을 수행하면서 도시계획가들이 활용해온 계획의 수행방식을 살펴보려고 한다. 이런 계획행위의 방식은 대체로 하향식, 상향식 그리고 쌍방향식의 세 가지로 나뉘는데, 어떤 방식으로 계획이 수립되느냐에 따라 계획의 최종 사용자는 완전히 다른 결과의 계획안을 접할 수도 있게 된다. 따라서 바람직한 계획 결과물plan을 얻고자 한다면 계획과정으로써의 계획planning을 정확히 인지하고 있는 것이 중요하다. 본 단락에서는 이러한 세 가지의 계획방식을 조금 더 현실감 있는 표현으로 제시하여 궁극적으로 어떤 것이 가장 최선의 계획방식인지 스스로 느끼고 찾아보도록 한다.

3.1 계획가는 권력을 쥔 자문관이다?

고전적으로 도시계획가는 정책결정자에게 계획수립의 적절한 수단과 대안을 찾아내서 건의하는 역할을 해왔다. 이러한 면에서 도시계획가는 정책수립과 건의자로 간주되어왔다.^{박경현, 2005, p.145.} 즉, 계획가의 주된 임무 중 하나는 이미 정책결정자가 지향하는 특정한 목표가 주어져 있을 때 이를 여러 가지 대안에 근거하여 비교·평가한 뒤 최선의 방법을 찾아내는 것이었다. 그러나 계획과정이 시민사회 중심의 민주화와 다원화를 거치며 계획가의 역할은 다변화하고 있다. 과거처럼 군주의 신하로서 정해진 목표에서 가능한 대안만을 찾는 단계에서 이제는 현실 속의 문제점을 직시하고 직접 목표를 설정하며 이를 합리적으로 해결할 수 있는 대안까지도 제시할 수 있어야 하는 존재로 주목받고 있다. 즉, 산업사회의 태동과 더불어 공간계획가는 학문적 이념에 근거하여 스스로 이상적 가치를 현실화시키는 실용학문의 학자이자 사상가이며, 사회적 병리 현상을 과학적 검증을 통하여 분석하고 처방하는 과학자로 등장하게 되는 것이다. 앞서 1.1 **히포크라테스의 선서 그리고 도시계획가의 탄생**에서 살펴볼 수 있었듯이 말이다. 그들은 노동자의 집단적 거주로 말미암아 발생하는 도시 공해문제를 해결하는 방편으로 전원도시 운동을 주창하거나 콘크리트 소재를 활용함에도 불구하고 '위니테 다비타시옹^{Unité d'Habitation}'

이라는 집합주거를 활용하여 '빛나는 도시The Radiant City'를 구현하기도 하였으며, 아니면 국토 및 도시현상을 분석하고 해석하며 공동체의 삶을 윤택하게 만들 수 있는 '중심지이론Central Place Theory'을 주창하기도 하였다. 또한, 국토 및 지역이라는 광역적 규모에서 도시간의 체계를 구성하는 요소를 살펴보며 정치적 권력을 부여 받은 소수의 엘리트 집단에 의하여 도시체계가 변화되고 있음을 입증한 핵심 – 지역 모델Core-Periphery Model을 주창하기도 하였으며, 20세기 중반에 와서는 도시로의 과도한 자본집중과 이에 따른 복지정책의 후퇴를 지적하며 사회운동과의 연대를 통한 개혁을 주장하기도 하였다.

그러나 이런 다양한 모습에도 불구하고 모든 계획가의 모습에서 공통으로 발견할 수 있는 하나의 사실은 과도할 정도로 도시계획가들에게 계획권위를 부여해왔다는 점이다. 그들에게 창조적 계획능력과 설계능력이 갖추어져 있으며, 도시의 문제를 거의 완벽하게 진단해낼 줄 알며, 궁극적으로 쾌적한 정주여건을 창출할 줄 아는 능력이 있는 것으로 인정해왔다.변창흠, 2006, p.157. 그 결과가 하향식 계획방식Top-Down Planning System의 표출이다. 이러한 능력의 인정과 권위의 부여는 도시계획가 스스로 자만하게 부추기는 가능성도 배제할 수 없었다. 왜냐하면 이제까지 만들어져 온 수많은 도시개발과 그 속에서 빚어진 물리환경적 난개발과 계층간의 사회적 갈등을 보면 과연 지금까지 그렇게 큰 권위를 부여받은 도시계획가가 정말 도시문제를 정확히 짚어내어 진단했고, 처방을 내려왔는지 심각하게 반문하지 않을 수 없기 때문이다.[1] 이것이 계획만능주의

---

1 물론 이러한 비판에도 불구하고 국토 및 도시계획이 고유한 학문적 영역을 점유하기까지 불과 한 세기 가량의 세월 속에 다양한 계획사상과 이념을 태동시킨 것은 고무적인

에 대한 통렬한 비판이다.

조금 다른 면이긴 하나 우리나라의 사례도 살펴보자. 우리나라의 국토 공간구조는 존 프리드만John Friedmann이 제시했던 핵심-지역 모델의 초기 단계에 부합한 하나의 핵심 도시와 절대다수의 변두리 지역 형태라는 구조를 띠고 있었다. 이러한 전근대적 구조가 경제성장이라는 목표를 달성하기 위해 시작된 '경제개발 5개년계획'과 농촌재건 운동을 거치며 변화를 맞게 된다. 농촌재건 운동은 '새마을운동'이라는 전 국민적 운동으로 탈바꿈했으며, 이러한 운동은 당시 법적 및 제도적 뒷받침보다는 관 주도 아래 이루어진 근대화 운동이었다. 그리고 1963년에 수립된 국토종합건설계획을 뒷받침하기 위한 명목으로 1972년에 이르러 개발촉진을 위한 주택건설촉진법, 1973년 산업기지개발촉진법 그리고 1980년 택지개발촉진법이 후차적으로 제정되기에 이른다. 이러한 법률은 성장과 개발지향적 성향을 극명히 드러내는 법률로서 한편으로는 프리드만의 모델이 제시한 국토공간구조의 단계별 변화를 달성하기 위한 수단이었으며, 다른 한편으로는 앞서 잠깐 언급한 '성장거점이론Growth Poles Theory'의 원칙 중 하나인 한정된 국가 자원을 경제적 효율성이 극대화될 수 있는 지역에 집중적으로 투자한다는 전략의 도구가 되었다. 이러한 계획체계는 소수의 엘리트집단인 기술관료 즉, 테크노크라트Technocrat에 의해서 주도되었다. 이는 테크노크라트가 강력한 권력기반에 의지하여 국토

성과라고 판단된다. 특히 의학이라는 분야가 천여 년의 세월 동안 다양한 분야에 다양한 전문의를 태동시켜온 것에 비교하면 국토 및 도시계획이라는 학문은 짧은 세월 속에서도 자신의 고유 영역을 개척해나가고 있으며, 앞으로 더욱 뛰어난 전문가들을 배출시키고, 그 전문영역을 분화해나갈 것으로 기대하게 만든다.

와 도시를 계획하는 계획가가 되어 이끌고 나가는 전형적인 하향식 계획방식이었다. 이러한 도시계획가로부터 계획내용의 문제를 비판하면서 대안을 제시하도록 요구한다거나, 스스로 지배층의 독주에 반하는 주민들의 의사를 반영하여 전달할 수 있는 중재자의 역할을 기대한다는 것은 불가능하였다. 그들은 어떻게 보면 상위 권력기관으로부터 시달된 명령적 정책을 충성스럽게 완성해내는 기계적 조력자였을 뿐이다. 이것이 바로 하향식 계획의 전형적 모습이다.

물론 이런 계획방식의 장점은 신속하게 계획을 수립하고 계획을 거침없이 집행할 수 있다는 점이다. 그러나 이러한 계획방식이 빚어온 문제가 무엇인가? 테크노크라트는 권력을 독점하기도 하였지만, 상위권력의 하수인으로 전락할 수밖에 없었다. 무엇보다 일방적이고 소수에 의해 좌우된 국토 및 도시계획 제도는 국토의 불균형발전을 바로잡는데 한계가 있었다. 특히 '시대적 소명'이라든지 '국가적 대사'라든지 하는 일방적 기치 아래 서울을 중심으로 88올림픽의 개최, 200만 호 주택건설 등 대형국책사업을 추진하기 위하여 특별법이 제정된 것은 지금까지 유지되어온 수많은 계획원칙을 일순간에 무너뜨리는 공권력의 만행이었다. 법이란 것이 일반적으로 규제의 속성이 있음에도 말이다. 특권이 부여된 특별법으로 말미암아 수도권으로의 인구유입과 산업시설의 집중은 가속화되었고, 수도권을 제외한 국토 대부분은 낙후와 정체라는 불균형의 상황을 벗어나기가 어려웠다. 결국 하향식 계획구도 아래 수많은 국토 및 도시계획이 이루어졌음에도 불구하고 사회적 양극화는 심화하고, 도시계획가는 그 어떤 비판적 역할도 제대로 수행하지 못하였다. 학술적 계획가들의 견제와 비판 그리고 대안적 연구 성과는 주목받지 못하는 소수의 견해로 치부된 경향이 강했다.

3.2 도시민은 깨어날 수 있을까?

사회가 성숙해지고 지방자치가 강화되면서 현대사회의 국토 및 도시계획은 과거와 다른 양상을 보인다. 과거와 같이 계획가의 전문성에 대한 의존도가 높았던 시대에는 모든 계획의 주권은 위로부터 아래로 흐르는 하향식 계획방식Top-Down Planning System이 주종을 이루었다. 상당 부분 도시계획은 공공계획가가 주도하며 정확한 판단을 내릴 수 있는 전유물로 간주할 만한 것이었다. 하지만 시민의식이 개선되고, 정보공개를 통한 공유가 일상화되며, 사회관계망SNS : Social Network Services을 통해 어느 곳에서나 어떤 정보든 손쉽게 취득할 수 있는 오늘날의 상황에서는 주민이 직접 자신의 의사를 표출하지 않거나 주민의 의사가 반영되지 않는 상태에서는 어떤 개발계획도 수립하기 어렵고 집행하기가 불가능한 상황에 이르렀다. 주민의 이해나 견해에 반하는 일방적 하향식 계획은 일종의 시민대중에 의한 도전으로 사회적 저항에 막혀 아무리 필요성이 인정된다 할지라도 계획집행 자체가 무산되는 경우도 발생하기에 이르렀다. 따라서 공간계획을 수립함에 있어서도 **계획과정의 정당성을 확보**하는 것이 중요한 의제로 주목받고 있다. 이에 대한 구체적 방식이 **상향식 계획방식**Bottom-Up Planning System의 대두이다. 특히 특정 지역의 세밀한 사항까지 전문가가 모든 것을 파악하는 것은 어려우며, 오히려 해당 지역의 주민이 더욱 정확히 문제파악을 하고 있다는 점에서 필요성은 더욱 요청되고 있다.

그런데도 상향식 계획방식은 몇 가지 문제점을 노출시키고 있다. 주민의 직접적 이해관계가 형성되지 않은 사안의 경우에는 관심도가 떨어져 계획수립이 어려운 경우도 발생한다. 또 반대로 지역주민이 과도하게 자기주장을 내세워 계획수립에 난항을 겪거나 한계에 봉착하기도 한다. 또 경우에 따라서는 지역주민이 자신들의 의견을 관철하기 위하여 언론을 동원하고, 지역권력을 동원하기도 하면서 압력을 가하기까지 하는 것을 보면서, 글쓴이는 한 논문에서 '공간계획, 전문가인 계획가 집단의 전유물인가 아니면 소비자인 대중의 요구에 대한 항복문서인가?'라는 표현으로 현 시대의 상황을 묘사하기도 하였다.[2] 이런 상황에 중재자로서 보완적 역할을 담당하는 비정부기구NGO : Non-Governmental Organization와 같은 시민단체의 참여도 이루어진다. 결국, 계획가의 역할은 일정 부분 축소되는 경향을 보이게 된다. 그런데 비정부기구가 참여한다 하더라도 객관적 입장에서 관여하기보다 해당 단체의 이념과 지향점을 근거로 시민참여를 유도할 수 있기 때문에, 경우에 따라서는 계획추진의 객관성을 상실할 수 있다. 특히 국가의 발전이나 국민의 복리를 위해 절대적으로 필요하다고 여겨지는 사안이 분명히 존재하지만, 특정 이익집단의 선동가들이나 계획 수립 대상 지역에서 활동은 하더라도 편향적 시각을 갖고 있는 비정부기구의 지원을 받은 주민이 집단적으로 저항하여 계획 자체를 무산시키는 경우도 발생한다. 이러한 영향으로 계획수립이 차질을 빚게 되어 축소·변경되는 계획안은 일종의 항복문서로까지 간주될 수도 있다. 따라서 이렇게 상향식 계획방식에 모든 것을 맡겨두는 것도 때로는 전체적 맥락을 놓치고 지엽적인 주장이나 지역 이기주의에 휩싸일 수 있는

---

2   이러한 표현은 다시 밝히지만 "계획이론의 추구자로서 공간계획가의 역할과 자화상"이라는 논문(이문규·황지욱, 2011, 한국지역개발학회지 제23권 제4호)에 나와 있다.

위험한 발상으로 여겨질 수 있다. 그럼에도 불구하고 상향식 계획방식은 건강하고 성숙한 사회로 나아가기 위해서 적극적으로 도입하고 활용해야 할 계획방식이다.

3.3 시민과 시민활동가여, 당신들의 역할을 증대시켜라
Interactive Collaboration System

앞서 살펴본 두 가지 계획방식의 한계로 말미암아 계획가의 역할에 대한 재조명이 이루어져 왔다. 그렇기 때문에 전문가로서 계획을 수립하는 전공 분야의 학술적 그리고 실무적 계획가만을 계획가라고 부를 수 없다. 오히려 자신의 견해를 정확히 표출할 줄만 몰랐을 뿐, 나의 일상 속에서 문제를 겪어온 해당 지역의 주민이 현실적 문제를 더욱 잘 알고 해결할 줄 아는 전문계획가일지 모른다. 그리고 사회적 갈등이 발생했을 때 객관적 위치에서 함께 참여하며 조정자의 역할을 대신해 왔던 비정부조직의 지역사회 활동가들이나 마을주민들이 스스로 조직한 마을조직의 활동가들이 훌륭한 실행계획가였을지 모른다. 이들에게 부족했던 것은 학술적 혹은 이론적 배경이 아니었을까? 그렇기에 함께 모여 머리를 맞대고 계획을 수립해야 한다.

이러한 과정에서 학술적 계획가는 과거와 같은 계획 전권자의 역할을 분담하던 데서 일정 부분 중재자moderator이거나 교육가educator로 역할 변신을 도모할 수 있다. 물론 단순히 갈등관리만을 담당하는 소극적 의미의 중재자가 아닌 계획의 초안을 마련하여 주민과의 의견교환을 통해 확정하고, 주민 내부적 이해갈등의 요인을 계획가의 객관적 입장에서 조율하고 설득하여 반영함으로써 적극적 의미의 중재역을 담당하는 것이다. 그 이유는 현대사회가 성숙한 민주사회의 시대로 나아가면서 계획과정에 주민들의 직접적인 참여기회가 보장되고 있으며, 이 과정에서 주민이 주체가 되는 주민참여형 계획수립방식도 부각되고 있기 때문이다. 이 주민들은 다양한 직종에 종사하며, 다양한 사회계층으로 구성되어 있고, 다양한 이해관계를 형성하고 있다. 따라서 이들은 스스로 다양한 의견을 제시하고, 의사소통을 이루며, 합의를 도출하기도 하며, 궁극적으로 모두가 이해당사자로서 파트너십multi-dimensional public-private partnership을 구축하고 있는 것이다. 이러한 계획과정을 통하여 **쌍방향식 계획방식** Interactive Collaboration Planning System의 토대가 마련된다. 이제 이러한 계획방식은 더 이상 역행할 수 없는 계획 패러다임이다. 이제는 더 이상 나의 재산을 놓고 이뤄지는 수많은 계획에 특정한 계획가 부류만 참여하거나 그들에게 맡겨둘 수 없는 상황에 이르렀다. 미국 텍사스 주에 있는 휴스턴Houston이란 도시의 시민들은 도시기본계획을 수립하고 이에 따른 토지이용계획Zoning을 수립하는 데 있어서, 시 정부가 주도하는 토지이용 규제에 자신들의 토지를 내맡기는 것이 아니라 스스로 계획하고 스스로 규제하며 스스로 관리하고 있다. 과거 정부의 만능열쇠였던 토지이용계획을 시민이 주체가 되어 자신들의 주거 및 생활공간을 스스로 지켜나가는 공간으로 탈바꿈시켜 놓고 있다. 2000년대 초반 독일 수도 베를린Berlin에서는 도시기본계획을 짜면서, 전체 베를린 시민에게 이 내용을 우편으로 발송해 의견을 듣고 반영하는 피드백과정을 거치기도 하였다. 이것이 내 도시, 내 마을, 내 토지를 궁극적으로 스스로 책임지고 스스로

가꿔나가는 가장 이상적 모습이라고 할 수 있지 않을까?

　도시계획이란 특정계획가의 전유물도 그렇다고 항복문서도 아니다. 계획가와 국가 및 해당 주민이 함께 참여하여 만드는 합의적 결과물이라고 볼 수 있다. 그렇기 때문에 지역주민은 깨어나야 한다. 서로들 깨우기도 해야 한다. 깨어나도록 교육도 받아야 한다. 시민활동가들도 시민정신을 깨우는 주체로서 역할을 담당해야 한다. 시민사회단체가 가지고 있을지 모르는 편향적 사고나 고정관념으로 도시를 재단하고 바라보려는 생각도 고쳐야 한다. '시민이 도시계획가다'라는 사고의 관점을 놓치지 말아야 한다. 이때 수평적 관계망 속에서 협력적 계획이 가능하다. 그렇기에 도시계획가는 오히려 시민정신, 주민정신으로 무장해야 한다.

'Hang Key', 창업을 시작한 4인의 청년 도시계획가들

청년 두 명이 도시계획과 관련하여 '에이치-트리(H-Tree)'라는 아주 작은 스타트-업 기업을 만들었다. 'H'는 '인간(Human)'의 영문 첫 글자이다. 그리고 두 명이 힘을 더 합쳐 '행키(Hang Key)'라는 청년공동체를 구성했다. 창업이란 쉬운 일은 아니었을 것이다. 그럼에도 그들의 몸부림이 정말 용기 있어 보였기에 글쓴이는 그들의 도전과 모험을 이 책에서 소개해보려고 한다. 작은 몸부림이 커다란 파장을 일으키도록 말이다.

전북대 도시공학과를 졸업한 제자들의 '행키(Hang Key)'라는 공동체는 '김제시, 도시를 해부하고 재생하다'라는 연구프로젝트를 수행한다면서 2018년 겨울추위가 여전히 남아 있는 어느 날 글쓴이에게 자문을 요청해왔다. 제자들이 하는 일이라 반가움에 흔쾌히 수락하고, 첫 번째 자문회의 때 어떻게 이런 일을 맡을 수 있었는지 물어보았다. 일반적으로 특정 지방자치단체의 연구용역을 수행한다면 그 비용 전체를 해당 지방자치단체로부터 제공받는다. 그런데 신기하게도 그들은 이 연구프로젝트의 비용이 전적으로 어번뱅크(Urban Bank)라는 회사의 대표인 박정원 박사 호주머니에서 나왔다고 말했다. '아니 이게 무슨 말이야?' 하는 차에, 박정원 박사는 그가 꿈꾸던 기업가 정신, "도시계획을 하는 후배들이 자리를 잡을 수 있도록, 그리고 젊은 계획가를 키워보고 싶다는 꿈"에서 한번쯤 무모한 모험과 투자를 해보고 싶었다고 이야기해주었다. 그래서 글쓴이도 "그렇다면 그냥 우리끼리의 서랍 속에 들어가는 공허한 페이퍼 조각으로 만들지 말아야겠어. 정말 4명의 청년이 데뷔를 하고 자리를 잡을 수 있도록 나도 기회를 만들어 보겠네."라고 약속하였다. 그리고 때마침 김제시에서 도시재생과 관련하여 이런 저런 부탁을 해왔다. 한때 인구가 20만 명이 훌쩍 넘던 도시가 지금은 8만 명을 가까스로 유지하고 있으며, 젊은이는 거의 주변 도시나 대도시로 떠나 전형적 농촌도시로 전락한 곳이었다. 해당 지역의 주민이나 공무원들은 우리 시에 젊은이가 없다고 아우성이었다. 젊은이가 들어와 일을 하고, 도시를 변화시켜야 하는데 젊은이는 주변의 좀 더 큰 도시나 수도권의 대도시로 다 빠져나가서 완전히 초고령사회로 접어들고 있다고 한숨 섞인 아우성을 내뱉었다. 지난 10여 년간 이 말을 계속 들어왔던 나도 한숨밖에 나오지 않았다. 그런데 이번만큼은 이 도시에 들어와 이 도시를 위해 일하고 싶은 청년이 정말 꽤 있다는 생각이 들었고, 그렇기 때문에 더더욱 이들을 보여주고 싶었다. 그래서 김제시에 글쓴이가 대한국토·도시계획학회의 '지자체정책자문단' 단장을 맡고 있어서 학술세미나를 여기서 개최할 수 있도록 할 테니 도시재생과 관련해 새뜰마을 사업 추진을 점검할 겸, 전문가와 중앙부처 공무원을 모시고 학술세미나를 개최해보자고 제안했다. 그리고 2018년 5월 4일 '도시재생' 학술세미나에 이 청년들을 두 번째 주제발표자로 초대하였다. 어쩌면 이들이 바로 김제시가 그렇게 애타게 바라던 도시재생의 첫 젊은이 그룹이요, 마중물일지도 모른다는 기대를 하면서 말이다.

이어지는 글은 바로 그 젊은이들 4인의 창업회사인 '행키(Hang Key)'가 발표한 도시재생 프로젝트 중 '중소도시의 도시재생, 새뜰마을 사업의 방향을 묻다'라는 자료의 일부다. 이들은 도시재생이 무엇인지 정말 잘 이해하고 있었다. 하나씩 살펴보며 그들의 김제시에 던져주는 메시지를 느껴보자.

중소도시의 도시재생,
새뜰마을 사업의 방향을 묻다

중소도시란?

인구 5만 이상 30만명 미만의 시로 구성되며
기본적인 자족기능을 갖춘 도시화된 지역으로서,
도시와 농촌의 중간지대 역할을 하고
주변의 농어촌 지역을 선도하는 **정주생활권 중심지** 역할을 수행

(지방중소도시 활성화방안 연구, 2004 국토연구원)

[도시계층별 인구규모]

도시정주체계	• 대도시 : 인구 100만명 이상의 시 • 중대도시 : 인구 50만 ~ 100만명 미만의 시 • 중도시 : 인구30만명 ~ 50만명 미만의 시 • 중소도시 : 인구 5만 ~ 30만명 미만의 시
농촌정주체계	• 읍, 대규모 면 중심지

[1960년]	[1970년]	[1990년]	[2000년]	[2010년]	[2017년 6월]
234,187	193,095	149,791	102,589	94,346	87,414

	[2030년]	[2040년]	[2050년]
(김제시 인구예측)	75,810	69,101	57,957

[등차급수법]
발전성이 거의 끝난 큰 도시,
발전 가능성이 없는 중소도시나 읍·면에 적용

$$P_n = P_0(1 + rn) \qquad r = \frac{1}{n}\left(\frac{P_n}{P_0} - 1\right)$$

4차 산업혁명

정보통신기술(ICT)의 융합으로 이루어낸 혁명 시대
빅데이터 분석
인공지능
로봇공학
사물인터넷
무인운송수단

농업의 중요성

세계인구의 증가,
기후변화에 따른 식량 생산량 감소

종자산업

세계종자시장의 확대
식량 소비량 증가
바이오기술이 접목된 신성장

가능성

재생?

- 죽게 되었다가 다시 살아남
- 타락하거나 희망이 없어졌던 사람이 다시 올바른 길을 찾아 살아감
- 낡거나 못쓰게 된 물건을 다시 쓰게 함
- 녹음·녹화한 테이프나 필름 따위로 본래의 소리나 모습을 다시 들려주거나 보여 줌
- 이미 경험하거나 학습한 정보를 다시 기억해 내는 일

다시?

하던 것을 되풀이해서
방법이나 방향을 고쳐서 새로이
하다가 그친 것을 계속하여
다음에 또
이전 상태로 또

(출처 : 표준대국어사전)

No.1 주변을 바라보고 함께하기

No.2 나무만 말고 숲 먼저 바라보기

No.3 긴밀한 관계

No.4 결국, 사람이 만들어 간다

도시재생이지만(지방중소도시는)

"도시만"생각하면 안된다.

농촌의 장점을 어떻게 도시에
흡수시킬 수 있을까?

농촌의 자원(사람)을 어떻게
하면 연계할 수 있을까?

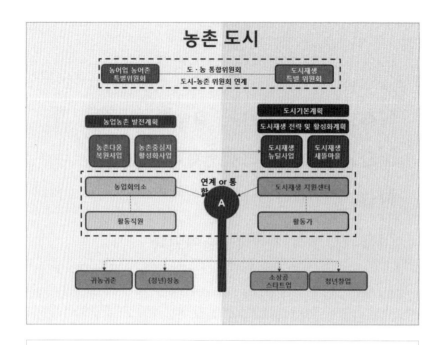

결국 새뜰마을 사업은
도시의 물리적인 환경 회복을 넘어서
사람간의 '관계'를 회복

그들은 먼저 낯선 이름인 행키(Hang Key)를 설명하면서 발표를 시작했다. 그 설명의 처음이 지금 보고 있는 그림이다. 과연 이것은 무엇일까? 언뜻 그냥 봐서는 잘 모르겠다. 그런데 다음 그림을 보니 자물쇠의 구멍임을 알 수 있다. 행키란 자물쇠에 맞는 열쇠를 끼울 때만이 잠겨있는 것을 열 수 있다는 것이며, 자신들이 바로 이런 행키가 되려고 노력하는 청년 4인이라는 소개였다. 그리고 나서 4명의 청년이 열려고 하는 것을 설명했다.

자신들에 대한 소개를 마치고, 첫 번째 연구 프로젝트인 김제를 해부하였다. 그 하나는 지방중소도시 김제가 겪고 있는 근본적 문제점을 파악하는 것이었고, 또 다른 하나는, 노후불량주거지를 대상으로 이뤄지는 새뜰마을 사업이 나아갈 고민을 풀어놓는 것이었다.

그럼, 여기서 쓰인 6가지의 숫자는 무엇일까? 맨 앞의 234,187은 1960년의 김제시 인구 수였다. 그러던 인구가 10년 단위로 살펴보는데 2017년에 이르러서는 87,414명으로 줄었다. 반 토막이 아니라 아예 1/3 토막이 난 것이다. 수도권의 인구는 계속해서 늘어만 나는데, 아니 최소한 주변 도시도 인구가 줄지 않는데, 유독 김제시의 인구는 40~50년 만에 10만 명에도 못 미치는 수준으로 떨어진 것이다. 그리고 현황파악 마지막 슬라이드에서 그들은 중소도시가 맞이하고 있는 소멸위기, 인구절벽 시대의 문제, 2040년이 되면 전국 지자체의 30%가 기능마비에 빠질지도 모르며, 2050년이 되면 김제시의 인구는 이런 추세로 보면 57,957명이 될 것이라고 진단했다. 그렇다면 김제시에는 희망이 없는 것일까? 대안으로 그들이 찾아낸 지방중소도시 김제시의 재생은 무엇인가?

일단 그들은 재생이 무엇인지 명확한 정의를 찾아보았다. '재생'이 '다시'와 연결되어 있음을 인식하는 그들의 사고가 놀랍기만 했다. 더 놀라왔던 것은 어떤 특정사업에 매몰된 사고와, 나의 도시만 생각한 사고에서 벗어나 주변 도시와 함께 '다시, 과거에 그랬듯이' 공생, 공존하는 길을 찾아가는 것이 필요하리라는 생각을 던졌던 것이다. 지금까지 김제시 주민이나 공무원들은 김제시를 둘러싼 전주, 익산, 군산과 같은 주변의 대도시에 둘러싸여 항상 경쟁관계만 형성하고, 여기에서 뒤진 김제시는 고사되는 느낌이었다고 고백하였지만 이 젊은이들은 완전히 다른 각도에서 도시를 바라보았다. 이것이 어쩌면 더 맞는 생각일지 모르겠다. 재생은 건물을 고치는 일회성 사업을 하는 것, 다른 도시와 경쟁하는 것, 이런 것에 초점을 맞춘 것이 아니다. 또 물리적인 사업에 초점을 맞춘 것도 아니다. 오히려 사람을 발굴해내는 것이다. 사람을 발굴하되, 없는 사람을 발굴하려는 것이 아니라, 있는 사람의 역량을 강화해 그들이 스스로 자립적으로 그리고 지속적으로 이웃사회와 함께 더불어 건강한 사회를 만들어 가도록 하는 것이었다. 마지막으로 그들은 다음과 같은 발표문을 제시하며 앞으로 도시재생이 어떤 길을 가야할지 보여주며 발표를 마쳤다.

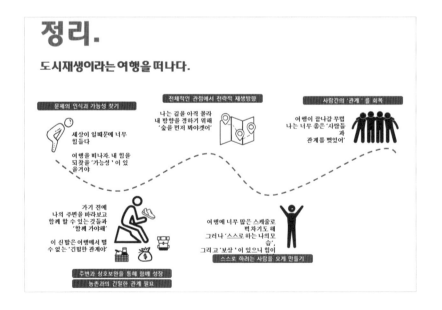

도시재생은 긴 여행이다. 단순히 한두 개의 나무를 보고 그 나무만 고치는 것이 아니라 숲을 먼저 보고 그 숲의 전체적 맥락 속에서 나무를 보는 것임을 이야기 했다. 그리고 이 나무도 단순히 건물이나 시설물이 아니라 바로 사람이며, 이 사람 간의 관계를 회복하는 것임을, 그리고 지금 우리가 가치 없이 버려두고 있는 농촌의 가치를 회복하는 것임을 보여주었다. 이것이 지방 중소도시가 가지고 있는 그러나 방치되고 있는 진정으로 귀한 자산을 재발견하는 것에 해당한다. 이런 젊은이들이 김제시에 대한 고민을 풀어 놓은 것이다.

글쓴이는 토론의 마지막 총평으로 "이와 같은 젊은이들을 지방 중소도시의 담당자들이 정말 귀한 자산이요, 마중물이요, 활동가로 여겨야 할 것입니다."라며 마무리 지었다. 함께 토론에 참여한 전문가 교수님들과 중앙부처의 담당 공무원도 이런 재원이 있었냐며 감탄하였다. 이것이 쌍방향식 소통의 계획방식이기도 하며, 지역에 자생하고 있는 진짜 중요한 나무일 것이다. 과연 우리는 이들을 '숲 속의 나무'로 볼 눈이 있을까?
......
......

세미나가 끝났다. 지역주민, 지역공무원 그리고 전문가들은 두 시간 남짓 지난 세미나가 못내 아쉬웠는지, 자리를 옮겨 차 한 잔 나누며 못 다한 이야기를 나누려고 하였다. 그런데 지금까지 잠자코 있던 몇몇 담당자들이 "김제에는 진짜 현장에서 제대로 도시재생을 해나갈 젊은이가 없는 게 문제야."라는 것이었다. 아니 바로 방금 전에 그렇게 멋들어지게 발표하도록 소개해준 젊은이들은 뭐란 말인가? 그들 중 대표가 바로 김제 출신이고, 도시계획으로 대학원까지 졸업한 전문가인데……. 그리고 김제를 위해 뭔가 해 보겠다고 했는데……. 그 젊은이는 도대체 누구란 말인가? 이 말을 듣는데, 내가 이러려고 이들을 소개해줬나 하는 자괴감이…….

진주는 진주를 알아보는 사람에게 주어져야 한다.

_글쓴이의 넋두리

책이 출간되고 난 어느 날 그 젊은이 중 한 명에게 연락이 왔다. "교수님, 저 김제시 도시재생지원센터의 사무국장으로 일하게 됐습니다." 정말 반가운 소식이었다.

늦게나마 작은 효과가 나타나고 있는 것 같다.

하하하.

제4장

도시계획위원회, 이는 무엇인가?

제4장

도시계획위원회, 이는 무엇인가?

2000년대에 들어서면서 우리나라에도 공공정책에 민간전문가의 사회 참여를 보장하는 위원회 제도가 만들어지기 시작했다. 그리고 이 중에서 도시문제를 다루는 대표적 참여기구로 도시계획위원회가 탄생하기에 이르렀다. 이 도시계획위원회는 어떤 기구이며, 구성원은 어떻게 이뤄지며, 그들의 권한은 무엇인가? 이 장에서는 먼저 이와 관련된 사항을 짚어 본 뒤, 쟁점이 되는 사항으로 관점을 돌려, 도시계획위원회의 구성과 운영의 문제는 무엇이며, 도시계획위원회에 참여하는 위원들이 갖추어야 할 가장 본질적 사항은 무엇인지 여러 사례를 놓고 진지하게 논의해보고자 한다.

4.1 도시계획위원회란?
그런데 도시계획위원회 구성과 운영의 문제는?

도시계획위원회Urban Planning Commission는 도시를 대상으로 도시에서 발생하는 거의 모든 문제를 다루는 위원회라고 볼 수 있다. 그중에서도 도시계획, 개발 등과 관련된 개발행위가 지방자치단체의 도시와 관련된 업무부서에 접수될 때 그것이 위원회에 상정될 사항에 해당한다고 판단되면, 도시계획위원회가 소집되어 해당 사항을 다루게 된다. 위원회에 상정될 사안인지 아닌지에 대한 판단은 해당 업무부서에 접수된 사안이 법률적으로는 하자가 없더라도 법률 외적인 갈등 소지나 사회적 파장 등의 문제를 내포하고 있어 단순히 업무부서의 의견으로 결정을 내리기 어렵다고 판단되는 사안에 해당한다. 이 경우 위원회의 최종 심의와 자문이 필요하다. 그렇기 때문에 도시계획 전공자를 포함한 환경, 조경, 토목, 건축, 사회, 역사를 전공하고 풍부한 경험과 식견을 갖춘 전문가들이 위원으로 포진되어 있다. 이는 도시라는 대상은 사회의 복합적 문제를 포괄하고 있으며, 이러한 문제가 서로 얽혀서 발생하고 있기 때문에 이를 다양한 입장에서 폭넓게 바라봐야 해결점을 찾을 수 있다는 취지에서 다양한 분야의 전문가들을 위원으로 위촉하는 것이다. 그런데도 핵심적 사항은 도시에서 이루어지는 계획활동과 건축행위를 다루고 있기 때문에 도시계획, 교통, 건축 분야의 전문가가 주요한 위원이 된다. 어쨌든 이러한 구성은 상당히 바람직하며 합리적이고 건강한 구성이라 볼 수 있다.

그런데 아무리 바람직한 구성같이 보일지라도 첫째, 누가 어떤 방식으로 위원을 위촉하느냐를 놓고 불신을 가질 수 있으며, 둘째, 도시계획 전공 위원은 소수며, 오히려 토목이 주류를 이루기도 하고, 때로는 건축이 주류를 이루기도 하며, 또 때로는 환경이 주류를 이루기도 할 때 혼란스러운 상황이 벌어질 수도 있으며, 셋째로, 위원들 대부분이 도시계획이나 도시계획위원회의 활동에 대한 전문지식이 부족할 때 이 위원회의 활동은 파행을 겪을 수도 있다. 첫 번째의 경우 위원의 위촉은 위원회를 구성하는 주관기관이나 주관부서의 고유권한으로 이들이 갖추어놓은 인재 POOL에 따라 구성원이 결정된다. 그런데 이 인재 POOL이 때로는 주관기관이나 부서의 입김에 따라 다르게 구성될 수 있다는 것이며 이를 검증하기란 여간 어려운 것이 아니다. 또 어떤 경우에는 자신을 위원으로 위촉해 달라는 청탁이나 압력을 행사하는 경우도 있다. 이런 경우에는 위원들이 자신들을 위촉한 기관의 입장과 입김에 큰 영향을 받을 소지가 높아 정상적인 위원회 활동에 제약이 될 수 있다. 두 번째의 경우에는 도시계획 전문가가 적은 지방도시로 갈수록 자주 발생하는데, 도시계획 분야가 아닌 위원들이 다수를 차지함에 따라 도시계획을 놓고 감 놔라 배 놔라 하다가 도시계획적 사안의 본질은 사라지고 주객이 전도된 결과를 도출하는 일도 발생한다. 마치 꼬리가 몸통을 흔드는 왝더독Wag the dog과 같은 현상 말이다. 특히 세 번째의 경우는 상상하기도 싫은 경우이지만 실제로 상당히 많은 경우에 도시계획위원들이 도시계획위원회의 역할에 대해 깊이 숙지하지 못한 채 심의와 자문을 수행하고 있는 경우다.

이러한 사항은 실제로 구체적인 사례와 함께 살펴볼 때 얼마나 심각한 것인지를 이해할 수 있다. 또한 꽤 손쉽게 구체적인 대안도 마련할 수 있다. 그렇기 때문에 다음 장에서는 도시계획위원들이 도시계획위원회에서 어떠한 역할을 해야 하는지 그리고 도시계획위원회는 어떻게 보완될 필요가 있는지를 다루어보고자 한다.

4.2 도시계획위원들이 갖추어야 할 가장 본질적 사항은?

도시계획위원회는 국토 및 도시에서 일어나는 건설 및 건축에 해당하는 행위에 대해 심의와 사문을 수행하는 기구이다. 도시계획위원이 내린 결정에 대해 최종적으로 해당 행정기관의 장은 이를 수용하든 거부하든 둘 중의 하나에 해당하는 결단을 내릴 수 있으며, 특별한 사유가 없는 한 위원회의 결정을 그대로 수용한다. 이런 점에서 도시계획위원회의 위원들에게 부여된 권한은 상당히 막강하다고 볼 수 있다. 그러나 문제는 도시계획위원회가 정말 합리적으로 운영되고 있느냐에 대한 의구심은 떨쳐버리기가 쉽지 않다. 또 도시계획위원 자신도 상정된 개별상황과 직면할 때 정확한 판단을 내리기가 어려운 경우도 다반사이다. 대표적으로 1. 특정 사안이 지역사회의 발전에 기여하는 바가 크다고 기대되더라도 이해당사자안건제출자vs. 지역주민 간에 첨예한 대립과 마찰이 예상될 때, 2. 도시계획위원들 간의 의견이 팽팽히 맞서고, 갈릴 가치판단의 사인이 상정되었을 때, 3. 법과 제도적 기준을 놓고 볼 때 위법성의 문제는 눈에 띄지 않음에도 위원들의 전문가적 식견과 경험 그리고 사회적 통념에 비추어 보면 상당히 받아들이기 어려운 안건이라고 느껴질 때 등이다. 이 때문에 다년간 도시계획위원으로 활동한 전문가들도 어떻게 해야 합리적인 판단을 내릴 수 있는 것인지 깊은 고민에 빠질 수밖에 없다. 그러나 객관적 판단을 내리기가 곤란한 상황은 결정을 내려야 하는 직무수행 기관에서라면 언제나 부닥치는 상황이기에 도시계획위원회의 위원들만이 겪는 특수상황이라고 볼 수는 없다. 오히려 도시계획위원회가 판단오류를 범하면서도 이를 판단오류가 아닌 것처럼 곡해하고 있는 위험요소를 제거하는 것이 더 시급하다고 볼 수 있다. 그럼 어떤 경우가 이러한 판단오류의 문제를 일으키는 위험요소이며, 어떠한 방식으로 이러한 위험요소를 개선해나갈 수 있겠는가?

4.2.1 도시계획위원의 구성

도시계획위원의 구성과 관련된 내용은 다음과 같다. 도시계획이 사회 전반에 걸쳐 일어나는 파급영향을 다루고 있기에 한 분야의 위원으로만 구성되지 않는다. 도시, 건축, 토목, 조경, 환경 나아가 사회학, 법학 등 연관성이 있는 분야에서 다양한 전문가들이 참여하고 있다. 이는 바람직한 방식이다. 그런데 앞서 지적하였듯이 첫째로, 지방자치단체의 인구 규모가 작은 지방도시계획위원회의 경우 **도시계획 전공자는 소수에 불과하여 여타 분야 위원의 주장과 이의제기가 다수의견으로 채택되는 경우도** 비일비재하다. 도시계획 분야 하나만 놓고 보더라도 크게 토지이용, 도시계획, 도시재개발, 도시설계, 도시부동산, 도시경제 등으로 세분될 수 있다. 그런데 위원회에 상정된 해당 사안을 다룰 도시전문가가 적절히 배치되어 있지 않은 때에는 ─아니, 있더라도 그 수가 한두 명의 소수이거나 법리적 학식이나 실증적 경험이 충분히 갖춰져 있지 않은 때에는─ 여타 분야 전문가들의 소소한 주장에 눌려 그릇된 판단을 최종 판정으로 결정할 때가 있다는 것이다. 또한, 도시계획을 전공하지 않은 여타분야의 전문가들이 오히려 도시계획적 사항에 대해 더 많은 의견을 제시하여 본인들이 원하는 도시계획안을 만들어낸다거나 상정된 안건을 부결시켜 버리는 경우도 발생한다. 물론 소소한 주장이 잠재적으로 커다만 사회적 파장을 내포하고 있을 수 있다. 또 도시계획은 모든 사람이 일상생활에 깊숙이 관여된 일이라 개인의 오랜 경험을 식견으로 제시할 수도 있다. 그러나 이 경우에도 도시계획위원회가 갖는 기능 중의 하나인 대안 모색과 제시를 통해 가급적 수정·보완해나갈 수 있도록 의견을 모아가야지 안건 자체를 그릇된 결론으로 몰고 가는 것은 심각한 판단오류의 행위에 해당한다. 따라서 도시계획위원의 구성에 어려움을 겪는 곳일수록 그리고 위원들이 자신의 영역을 넘어 과도하게 의견을 관철하려고 하는 곳일수록, 해당 업무의 담당자는 입안되는 계획에 대해 명확히 파악하고 위원들에게 정확한 정보를 제공해줄 능력을 갖추고 있어야 한다. 또 그런 곳에서 도시계획위원으로 활동하는 다른 전공 분야의 위원일수록 주장을 내세우기보다 의문이 생기는 사항을 묻는 과정에서 먼저 정확한 이해를 도모하려는 자세를 갖추는 것이 우선순위일 것이다.

둘째는 특정 이해집단과 친분관계를 이루고 있어 큰 목소리를 낼 수 있는 위원들이 최종 판정에 영향력을 행사하는 경우다. 상정된 사안이 법리적 요건을 충족시키고 있는지, 아니면 제안된 안건이 도시계획적으로 합리적이라고 받아들여질 만한지에 대한 논란이 남아 있음에도 특정 도시계획위원이 자신의 권위나 경험, 친분관계, 아니면 큰 목소리 등을 앞세워 무소불위의 전권을 휘두르는 경우를 말한다. 이러한 현상은 학연, 지연등 지역 연고가 강한 지역이나 위원회 활동이 폐쇄적으로 운영되는 기관일수록 더욱 빈번하게 나타난다. 여기서 특정 이해집단이란 해당 안건을 집행하는 행정기관이 될 수도 있고, 도시계획위원회에 상정된 안건의 사적 혹은 공적 요청인이 될 수도 있다. 후자의 경우에는 안건의 심의·자문을 요청한 요청인과의 사적 관계나 사익에 영향을 받지 않도록 상당한 제도적 장치가 마련되어 있다. 위원회의 위원으로 위촉될 때에는 청렴서약서에 서명함으로써 비로소 효력이 발생되는데, 이 서약규정에 어긋나는 행위가 발생하였다고 판단되었을 때에는 위원의 자격이 박탈되거나, 심각한 불법적 비리라고 판단된 경우에는 형사 고발조치를 받을 수도 있다. 그러나 전자의 경우는 후자의 경우와 같은 통제가 쉽지 않다. 집행기관 자체로부터 사적 재산권의 침해요인이 다분히 섞여 있는 공익목적의 안건이 상정되었을 때나, 사인에 의해 제기된 안건일지라도 집행기관으로부터 그 안건의 불합리성에도 불구하고 안건가결에 대한 묵시적 요청을 받았을 때, 전자에 해당하는 위원의 영향력 행사에 대해서는 제재나 통제가 쉽지 않다. 이러한 점 때문에 위원회의 운영, 활동에 대해서 그리고 위원의 의견 개진에 대해 시민과 시민단체 등에 의해 제삼자적 공개검증과 견제가 이뤄질 수 있도록 더욱 강력한 장치가 마련될 필요도 있다.

셋째로, **도시계획위원회 주관기관이나 주무부서의 간섭**이다. 도시계획위원회의 심의·자문사항은 도시계획위원의 고유권한이다. 그런데 주관기관이나 주관부서가 자신들의 견해를 대변해주길 바라는 요구를 암암리에 개진하거나, 심의·자문 과정에 개입하여 목소리를 내고, 유도해가는 경우가 있다. 이것은 근본적으로 용납될 수 없는 그리고 용납되어서도 안 되는 월권행위라고 볼 수 있다. 일반적으로는 상정안건에 대해서는 주무부서의 최종 의견이 공식적으로 첨부되어 있다. 안건이 사회적 파장의 요소가 크다고 느껴질 때는 '위원님들의 심도 있는 검토가 필요하다'라는 표현이 삽입되어 있기도 하다. 이 표현을 무조건 해당 부서가 영향력을 행사하려는 것으로 해석하려는 건 아니다. 지금까지 전문적으로 해당업무만을 다뤄온 경륜 있는 전문가의 견해이기 때문에 존중되어야 한다. 그리고 단순히 사안 하나만을 놓고 모인 외부의 위촉직 도시계획위원들보다 훨씬 정확하고 집중력 있게 사안을 꿰뚫어 보고 있기 때문이다. 다만 이를 넘어 직접 발언권과 심의권이 부여되지 않은 참석자 혹은 배석자로서의 담당자가 심의자문과정에 발언권을 얻지 못한 상태에서 개입하는 것은 금지되어야 한다는 것이다. 왜냐하면 이미 해당 기관의 유관담당자가 당연직 도시계획위원으로 임명되어, 이들로 하여금 의견을 개진하도록 장치가 마련되어 있기 때문이다. 그렇기 때문에 도시계획위원이 정말 잘못된 판단을 내리지 않는 이상 ─ 도시계획위원도 사안에 대해 정확히 숙지하고 있지 못하다면 발언을 자제하거나 독단적 주장을 내세우지 않도록 자제하여야 한다 ─ 사회자간사 등은 가능한 도시계획위원들의 최종 판단에 영향을 주는 발언을 자제하거나 과도한 개입을 억제하여야 한다.

4.2.2 도시계획위원의 심의잣대

심의잣대와 관련된 사항이다. 많은 경우 사인이 사적 개발을 목적으로 상정한 안건에 대해서는 엄격한 잣대를 들이대고, 공공기관이 공익 목적으로 상정한 안건에 대해서는 관대한 잣대를 들이대는 경우를 발견한다. 물론 사인이 추구하는 최종 목표는 사적 이익의 극대화이다. 이렇다 보니 제시된 안건은 법이 허용하는 한 최대한의 개발과 최대한의 이익을 창출하는 데 목적을 두고 있다. 때로는 법의 미비점을 교묘히 이용한 개발행위가 안건으로 상정되는 경우도 있다. 그러나 겉으로 내세워진 주장은 한결같이 주변환경과 조화롭게 이뤄진 최적의 개발방식이라거나, 이렇게 개발하지 않으면 사업성이 없다는 읍소형 하소연도 많다. 이 때문에 심의위원들은 심의 안건을 두고 피 튀기는 논쟁을 벌이곤 한다. 특히 위원들 대부분은 위원으로 위촉될 때 마음속에 품었던 자세인 '어떻게 하든 공익의 견해를 대변하는 자리에 서겠다'라는 다짐을 되새기며 불법의 꼬투리가 보이기라도 하면 이에 대한 파상공세를 늦추지 않는다. 이는 공적 책무public stewardship를 적극적으로 수행하는 자세라고 좋게 평가할 수 있다. 그러나 사인private person이 제기한 개발행위라고 모두 다 엄격한 잣대를 들이대고, 마침내 부결시켜야 할 사안일까? 반면에 공익을 대변하며 공공기관이 제시한 안건은 언제나 올바르고 적법한 것인가? 국가기관이 대규모로 개발사업을 진행하려고 할 때 그 사안은 정부가 진행하는 것이기 때문에 ― 그것이 중앙정부든 지방정부든 간에 ― 적극적으로 수용해야 하는 것인가?

공적 책무의 자세가 지나치다 보면 이는 시장경제를 중심으로 이뤄진 자본주의 사회의 가치관을 부정하는 우를 범할 수도 있다. 즉, '사인의 부와 이익창출은 악이고, 공공의 규제와 통제는 선이다'라는 이분법적 잣대로 우리나라의 헌법이 보장한 시장경제의 활동을 심각하게 침해할 수도 있다. 아래에서는 공공이 제출한 사안과 사인이 제출한 사안의 두 가지 사례를 놓고 도시계획위원이라면 어떠한 자세를 취해야 하는지 살펴보기로 하자.

먼저, 공공기관이 제출한 안건의 사례이다. A라는 지자체는 B라는 지역에 위치한 공업시설이 부족한 전력을 공급받을 수 있도록 C라는 지역을 경유하는 송전선로의 건설계획을 도시계획위원회에 상정하였다. 그런데 문제는 C지역주민은 적절한 보상이 이루어지지 않는 상태에서는 이를 수용하기 어렵다고 의견을 개진해왔다. A라는 지자체는 공익을 목적으로 시급히 진행되어야 할 사업이라 보상은 법이 정한 범위 내에서 이루어질 수밖에 없다고 알려왔다. 그리고 이를 수용하지 않는다면 해당 토지에 대한 강제수용권이 발동될 수 있음도 고지하였다. 그러나 C지역의 토지주들과 주민들은 보상기준이 수십 년 전에 만들어져 현실성이 없으며, 피해와 손실을 포함한 적정보상기준을 마련해주던지 대안 노선을 마련해주도록 요구하며, 이것이 관철될 때까지 저항하겠다고 다짐했다.

과연 이런 상황에 부닥친 위원회 상정안건은 어떻게 다루어져야 할 것인가? 이는 실제 모 지방자치단체에서 발생하였던 사실의 상황을 기술한 것으로, 도시계획위원이 생각해보아야 할 가장 기본적 사항은 다음과 같다.

1. 도시계획위원회가 판단할 때 해당 공업시설의 전력공급이 진정으로 공익을 위한 것인가?
2. 도시계획위원은 공익적 가치가 사익적 가치에 우선하기 때문에 심각한 재산권의 침해가 우려되는데 이를 묵인해도 되는 것인가?
3. 도시계획위원회는 안건으로 상정되지 않은 적정보상기준 마련의 요구나 대안 노선의 마련 요구에 대해 어떤 자세를 취해야 할 것인가?
4. 주민들의 저항은 위원회가 고려해야 할 사항인가 아닌가?
5. 국토의 계획 및 이용에 관한 법률에 나온 '개발행위와 관련된 조항'

에 비추어 법적 기준을 위반했다거나 취지를 침해한 사항은 없는가?

이제는 사인이 제출한 안건의 사례를 살펴보자. D라는 지방도시 도시계획위원회에 B라는 대형유통시설은 시설확장과 관련된 개발행위 심의안을 상정하였다. 심의안의 구체적 내용은 현재 E시설의 소유주체가 유통시설 건축물에 속해 있는 부속 주차건물을 대형유통시설의 일부로 확대하면서, 바로 주변에 임시주차장으로 쓰고 있는 상업용지를 주차장 부지로 용도 변경하겠으며, 이에 준한 주차빌딩을 건축할 수 있도록 승인해달라는 안건이었다. 이것은 무엇을 뜻하는가? 그리고 이러한 사항을 놓고 볼 때 도시계획위원회에서는 어떻게 처리하는 것이 바람직하다고 볼 수 있을까? 먼저 D지방도시의 경우 대형상업유통시설에 대한 지역 주민, 특히 소상공인의 감정은 긍정적이지 않았다. 어떤 대형상업유통시설이든 이들로 말미암아 골목상권이 상당한 피해를 입었다고 주장한다. 실질적으로 과거와 달리 재래시장의 상인들도 경제적으로 힘든 시기를 겪어오고 있다. 이러한 점에서 E시설을 '배불릴 수 있는(?)' 안건 승인은 쉽지 않으리라고 전망할 수 있다. 그렇기에 E의 소유 주체는 타협안으로 자신들이 소유하고 있는 상업용지의 개발을 포기하는 대신에 노후화되고, 비좁은 시설을 일부 확대하는 정도로 타협안을 제시한 것이다. 또한 지금까지 도시계획위원회에서 E시설을 제외한 여타의 대형 상업유통시설이 점포확장을 넘어 신규점포를 개장할 때도 승인을 하였던 전례를 알고 있었기에 신규점포의 승인이 아닌 시설의 확대가 이뤄지는 개보수에 대한 상정 안건도 통과하리라 기대했던 것이다.

이때 도시계획위원들이 고려해야 할 사항은 무엇일까? 우선 살펴볼 내용을 요약해보자.

1. 법률적 위반사항은 없는가?
2. 법률 외적으로 사회적 파급 현상은 무엇이며, 어떤 일이 어떻게 일어날까?
3. 기존의 유사안건은 어떻게 처리되었는가?
4. 해당 사업 주체의 제시협상안은 충분히 확인하였는가?
5. 국토의 계획 및 이용에 관한 법률에 나온 '도시기본계획 수립지침'과 해당 지방자치단체의 '도시기본계획'과 '도시관리계획' 기준에 비추어 위반사항은 없는가?

위의 고려사항 외에도 도시계획위원 스스로가 더욱 다양한 생각을 꺼낼 수 있을 것이다. 다만 위의 다섯 가지 정도가 가장 기본적으로 떠오르는 고려사항이기에 이를 놓고 살펴본다면 우선, 법률적 위반이나 침해는 크게 걱정할 필요가 없을 듯하다. 왜냐하면, 법적으로 어긋나는 사항이 존재한다거나 하자가 있다면 해당부서로부터 접수가 거부될 것이기에 재론할 필요가 없다. 다만 상정 안으로 확정된 이상 도시계획위원들이 고민해야 할 사항은 **법률 외적인 것과 법률의 해석과 관련된 것**을 살펴보는 것이다. 법률 외적이란 사회에 복합적으로 파급되는 현상이 무엇인지를 살펴봐야 한다는 것이다. 왜냐하면, 아무리 법이 철저하게 만들어졌다 하더라도 지역과 도시 곳곳의 독특한 사정과 문제를 모두 다 하나의 틀 속에서 다루는 것은 불가능하기 때문에 현실적 상황을 고려할 필요가 있다. 또한 법에 따른 규제에도 불구하고, 인센티브와 같은 법률이 허용한 특혜를 받아 수립된 행위가 도시공간에 상상 이상의 부정적 영향을 미칠 수도 있기 때문이다. 그렇기 때문에 도시계획 전공 이외의 교통, 환경, 건축구조, 토목 등 다양한 전문가들이 도시계획위원으로 참여하게 되는 것이다. 그리고 **법률의 해석과 관련된 것**이란 특정한 개발행위가 그 행위 자체로는 법적으로 문제가 없어 보이나 해당 지역과 지역 주민의 삶에 적합하지 않은 위해한 요인으로 작용할 수 있는 상황에 해당한다. 이는 대표적으로 '국토의 계획 및 이용에 관한 법률'의 개발행위와 관련된 조문에 '주변 환경이나 경관과의 조화'라는 규정이 들어가 있는 것에서도 뚜렷하게 느낄 수 있다. 구체적 사례가 앞서 첫 번째로 제시한 송전선로가 마을을 관통하는 것이 주변 환경에 조화를 이루는 것이냐의 관점에서 바라볼 수 있는 것이며, 마을 주변에 대규모 돈사돼지우리나 계사닭장와 같은 것이 들어와 악취, 배설물 등에 따른 오염을 발생시키는 것도 동일한 사안일 수 있으며, 농촌지역의 학교주변에 대형차량 차고지와 같은 것을 개발하려는 행위도 동일한 사안일 수 있다. 요즘 들어 지방에서는 태양광과 관련된 개발행위가 '주변 환경과 조화가 되느냐 아니냐'를 놓고 많은 논란이 일어나고 있다. 이들 개발행위는 법률만 놓고 보면 아무런 문제가 없다. 하지만 주변상황을 고려하면 쉽사리 허용하기 어려운 사안들이기도 하다. 즉, 법률을 어떤 처지에서 해석할 것인지에 대한 가치판단 문제이기도 한 것이다. 그래서 위원들은 지역정서, 경제적 파급 현상 그리고 지금까지의 선례까지도 살펴보며 고민한다. 특히 지역주민의 반대 민원이 극렬할 경우에는 해당 업무를 담당하는 주무부서의 공무원들은 조직화한 주민들의 집단행동을 달래주길 바란다. 이는 다음 자치단체장 선거에 영향을 미칠 수 있는 소란(?)이기도 하거니와, 이러한 소란이 제대로 관리되지 못하는 것은 공무원 자신들의 불이익으로 전가될 수 있기 때문이다. 바로 이 후자의 문제는 언제나 도시계획위원들을 번민하게 만드는 사항이다. 그런데도 도시계획위원들은 이런 상황에 영향을 받지 않고 냉철한 입장에서 심의를 진행할 수 있도록 해야 한다. 내외적 압력이나 요구 때문에 위원회의 고유기능이 방해를 받는다면 그것은 앞으로도 외부의 압력에 굴복하는 선례를 남기는 것이기 때문이다.

다시 위에 거론한 두 번째 대형유통시설의 사례로 돌아가 보자. 우리가 간과하고 있지는 않았나 하는 것이 또 하나 있다. 즉, 조직화하지 않은 소비자의 입장과 견해이다. E시설을 찾는 소비자가 줄고 있지 않다. 이는 E시설이 취급하는 제품의 가격이나 상품의 질이 여타 유통매장에서 구입할 때보다 저렴하고, 상대적으로 우수하며, 제품의 종류도 훨씬 다양하기 때문이다. E유통매장의 경우 소비자들은 너무 많은 소비자가 이곳에 오니 시설 규모를 늘려 쾌적한 소비활동이 이뤄질 수 있도록 해주던지, 아니면 E시설의 새로운 매장을 추가로 개설해주길 바란다. 또한, 상대적으로 덜 찾는 다른 기업의 유통시설 매장은 개설해주었으니 B유통시설 매장의 확장도 가능해지길 바라고 있다. 그러나 도시계획위원들은 공론화되지 않고 집단화되지 않은 소비자의 문제까지 고민하지는 않는다. 이러한 것까지 고민하는 도시계획위원이라면 그는 직접 현장을 체험하고 소비자가 되어본 사람이거나, 아니면 조직화한 여론뿐만 아니라 조직화하지는 않았으나 현실적으로 무시해서는 안 되는 여론까지 폭넓게 파악하려고 애쓰는 위원일 것이다.

이러한 양면성이 존재하는 사안에 대해 위원들 간의 견해는 통합될 수 있을까? 특히 이 양면성이 여전히 가치 상충의 문제에 해당한다면 어떻게 처리해야 할까? 즉, 법을 지키고 타협안을 제시한 업체와 소비자의 권리가 더욱 중요한 가치냐, 소상공인의 주장과 지방자치단체의 정책 방향이 더욱 중요한 가치냐를 어떻게 판정할 수 있을까? 그렇다면 다시 한 번 거슬러 생각해봐야 할 것은 이제 지금까지 대형상업유통시설에 대한 승인/불승인의 전례를 살펴보는 것이다. 또한, 앞서 말한 정책 방향이 지고의 선인가에 대해서도 고민해봐야 한다. 무엇보다 위원회는 어느 누구의 입김에 영향을 받지 않는 독립된 기구이다. 만약 위원회의 결의사항이 옳지 않다고 판단된다면 최종적으로 지방자치단체의 장은 이를 거부할 수도 있다. 따라서 객관적 판정이 이뤄질 수 있도록 사전 영향력은 가능한 배제하는 것이 올바른 것이다. 또한, 어느 일방의 견해가 아닌 사안을 정확히 따져볼 수 있도록 충분하고 정확한 정보가 제공되었는지 재심을 통해 확인해 봐야 한다. 이를 위해 위원회는 자료의 추가제출과 해당 안건에 직접 관련이 있는 당사자가 배석해 질의에 답할 수 있도록 기회를 부여하고 있다. 이러한 판결의 사례를 따라 심의를 진행하는 것이 합리적 절차요, 운영방안일 것이다.

그런데 두 가지의 사례에서 공통으로 거론되지 않은 사항이 남아있다. 그것은 대부분 지방자치단체가 위원회에 정보를 제공할 때 자신들에게 필요한 자료는 가능한 한 풍부하게 제공하려고 애쓰지만, 자신들에게 불리하다고 판단되는 자료는 가능한 한 적게 제공하거나 아예 제공하지 않으려는 경향도 배제할 수 없다는 점이다. 위에 거론한 A지방자치단체의 사안에 있어서 글쓴이가 상당한 시일이 지나간 뒤 C주민들로부터 원성 어린 자료를 받아보았을 때, 이들의 자료는 A지방자치단체의 도시계획위원회가 개최될 때에는 제시되지 않았던 내용 — 도시계획위원들이 보고 판단했어야 할 중요자료 — 이 상당수 기재되어 있기도 했으며, D지방자치단체의 사안의 경우에도 도시계획위원회에서 제시된 내용에는 E사업주체가 안건의 사항으로 전하고자 했던 일종의 협상안이 배제되어 있었다는 것이다. 즉, 정확한 판단을 내릴 수 있는 충분한 정보가 제공되지 못한 상태에서 이루어지는 심의는 그것이 정책적 선의를 위한 것이라고 할지라도 심의과정에 심각한 왜곡을 일으킬 수 있다. 이러한 심의가 진행될 수밖에 없었던 이유는 여러 가지를 들 수 있으나, 특히 심각한 것은 해당 사안의 '직접 당사자들'이 위원회가 개최될 때 의견제시를 허락 받지 못했기 때문에 발생하는 경우가 대부분이었다. 즉, 해당 사안의 당사자들이 배제된 채 이뤄지는 안건의 심의는 과연 누구를 위한 심의냐는 이야기다. 단순히 심의의 대상이 되는 시설의 설치 유무만 따지는 것이 도시계획위원회의 활동은 아닐 것이다. 만약 그렇다면, 굳이 다양한 분야의 전문가들을 도시계획위원으로 위촉할 필요가 없기 때문이다. 따라서 분명히 인식해야 할 것은 주객이 전도되지 않도록 해야 하며, 도시계획이란 시설의 문제가 아니라 사람의 문제라는 점이다.

이러한 논의를 근거로 살펴보면 도시계획위원의 심의잣대를 다음과 같이 정리할 수 있다.

첫째, 핵심은 헌법적 원칙을 갖고, 이 원칙을 준수하려는 것이다. 상황 논리가 아닌 절대적 판단근거와 원칙을 갖추고 있다면 상당히 많은 문제를 그래도 손쉽게 해결할 수 있다. 예를 들어 중앙정부나 지방정부가 수행하려는 공익사업이 개인의 사적 재산권을 침해할 소지가 큼에도 단순히 공익성의 성취라는 목적 때문에 사적 재산권의 행사에 제한이 가해지거나 침해되어도 무방하다고 봐서는 안 된다. 이 경우에는 사적 재산권을 적절히 보호하거나 보상할 후속 조치가 철저하게 이뤄져야 한다. 이것이 "헌법 제23조 ① 모든 국민의 재산권은 보장된다. 그 내용과 한계는 법률로 정한다. ② 재산권의 행사는 공공복리에 적합하도록 하여야 한다. ③ 공공필요에 의한 재산권의 수용·사용 또는 제한 및 그에 대한 보상은 법률로써 하되, 정당한 보상을 지급하여야 한다."를 실천하는 것이다. 지금까지 사적 재산권을 행사하려는 개발행위에 대해서 도시계획위원들의 입장은 상당히 부정적인 경우가 많다. 그러나 이는 다분히 주관적이고 심정적인 자세다. 도시계획위원회의 위원은 특정사안에 대한 가부권(可否權)을 행사하기 위해서만 존재하는 것이 아니다. 특정인의 사적 재산권 행사가 본인을 제외한 주변의 사적 이익에 심각한 침해요인이 되거나, 공적 가치를 훼손할 우려가 제기될 경우는 엄격히 살펴보되, 도시민 모두가 더욱 행복하게 살 수 있도록 만드는 길은 무엇일까 고민하고 찾아내는 것이 우선적인 존재 이유일 것이다.

둘째로, 도시계획위원이라면 기본적으로 '**국토의 계획 및 이용에 관한 법률**'을 꼭 읽어보고 숙지하도록 해야 한다. 그리고 도시계획위원회에 상정되는 대부분 안건이 개발행위와 관련된 사항이기 때문에 이 법 중에서도 '개발행위'와 관련된 조항은 심도 있게 살펴볼 필요가 있다. 특히 법률 제57조와 제58조에 명시되어 있는 '주변환경이나 자연환경과의 조화'에 대한 사항, 그리고 '도시 및 주거환경정비법'에 제시되어 있는 '개발예정지구의 지정'과 관련된 사항은 빈번히 등장하는 문제이기 때문에 이에 대해 숙지하고 있는 것이 절대적으로 필요하다. 이것을 모른 채 도시계획위원에게 부여된 심의 권한을 행사힐 때 사적 소유권은 심긱히 침해될 수 있으며, 적절하지 못한 심의 결과가 빚어질 수도 있다. 이는 쓸데없는 행정소송 등을 남발시켜 궁극적으로는 도시계획위원회에 대한 신뢰를 무너뜨리는 행위로 작용할 수 있다.

셋째로, 도시계획위원회가 공익 관리자의 임무를 수행할 때 **권한 남용의 위험**을 주의해야 한다. 가장 빈번하게 상정되는 안건이 개발행위와 관련된 것이다. 그런데 이런 개발행위는 대부분 사인이 자신의 재산권을 극대화하여 행사하려는 내용을 담고 있다. 물론 누구나 자신의 재산권을 극대화하여 행사하려는 것은 인간이 갖고 있는 당연한 심리라고 볼 수 있다. 그러나 헌법 제23조 ②항 "재산권의 행사는 공공복리에 적합하도록 하여야 한다."에 나와 있듯이 도시계획위원은 이것이 공공복리를 침해하고 있는지 아닌지를 살펴, 주변지역의 수용용량에 부담을 주거나 기능을 훼손시킬 우려가 있다면 이에 대해 규모의 축소나 반대급부로 기부채납을 요구할 수 있다. 다만 이런 기부채납을 요구하더라도, 주의할 점이 '**부당결부금지의 원칙**RATIONAL LEXUS'[1]을 위배하고 있는가 아닌가를 정확히 알고 판단해야 한다는 것이다. 사업승인의 요구조건으로 말도 안 되는 사항을 결부시키거나 과도한 규모의 공익적 대가를 도시계획위원

---

[1] 부당결부금지원칙이란 행정법상의 원칙으로 행정기관은 행정활동을 수행할 때 실질적 관련이 없는 반대급부와 결부시켜서는 안 된다는 것이다. 여기서 실질적 관련성이란 원인적, 목적적 관련성을 의미한다. 그런데 행정기관이 부당결부금지를 위반할 때, 동시에 벌어지는 문제로 '재량권의 일탈이나 남용'을 들 수 있다. 그래서 도시계획가가 위원회 활동을 하면서 가장 기초적이고도 기본적으로 인지하고 있어야 하는 몇 가지 주요한 행정 사항을 제시하면, '부당결부금지의 원칙, 신뢰보호의 원칙, 행정의 자기구속의 법리, 과잉금지의 원칙, 재량권의 일탈남용금지 원칙 그리고 권리남용금지의 원칙'이라고 말할 수 있다.

회의 조건부 승인의 요구조건으로 내세운다면 이는 심각한 권한 남용이요, 위원회가 치명적으로 법을 위반하는 사례에 해당하기 때문이다. 따라서 각주에도 기록해두었듯이 행정법에 나타난 행동기준을 따라야 하는 기구인 도시계획위원회의 위원이라면 나의 심의와 자문행위가 이와 같은 기본적인 원칙에 위배되는가 아닌가를 마음에 담고 있어야 한다.

도시계획위원회, 더욱 국민과 시민 그리고 민원인에게 신뢰성 있는 위원회가 되도록 하려면 심의와 자문활동의 상당 부분, 특히 토의과정 만큼은 방청 등과 같은 방식으로 실시간 모니터링이 필요할 수도 있다. 물론 지금도 공람과 정보공개요청을 통해 위원회에서 이뤄진 내용을 상당히 파악할 수가 있다. 그러나 나중에 가서, 모든 것이 다 결정되고 나서 공람을 하거나 정보공개를 요구하는 것은 이미 늦어버린 상황이 될 수 있다. 실시간 모니터링의 필요성은 국회에서도 국회의원들의 활동이 실시간으로 모니터링되어 일거수일투족이 다 공개되고 평가받는 것처럼, 그렇기 때문에 그들이 국민을 조금이라도 더 두려워하게 되고 올바른 결정을 내리려는 노력을 하게 만드는 것처럼, 특별한 것도 아니다. 오히려 공개의 과정에서 위원들은 더욱 정확히 판단하고자 심사숙고할 것이며, 공부하게 될 것이며, 무엇보다 특정인의 이권이나 개입은 예방될 것이다.

우리가 알아두면 좋을 계획가 4+1인, 그들에게서 우리는 무엇을 그리고 어떻게 배워야 할 것인가?

세상에는 알아두면 정말 좋은 사람들, 전문가들이 많이 있다. 특히 도시계획을 하면서 꼭 우리 분야의 사람이 아니고 잘 모르던 사람일지라도 도시계획 분야에 지대한 영향을 미친 전문가들이 많다. 그들은 사상가이기도 했고, 건축가이기도 했으며, 조경가이기도 했다. 이 단락에서는 그런 사람 몇 명을 소개하려고 한다. 물론 혹자는 그들이 해당 분야에서 최고의 건축가나 계획가가 아닐지도 모른다고 말할 수 있다. 또 그들이 대단한 작품을 남기지 않았을 수도 있다. 그럼에도 글쓴이는 알아두면 깊은 배움과 느낌을 전해줄 인물이라고 판단했기에 적극적으로 소개해보고자 한다.

여기서 이야기하게 될 계획가 4+1인은 어쩌면 앞으로 우리 사회를 주도해나갈 행키 4인과 이들을 지원한 박정원 박사의 미래가 될지도 모르겠다. 아니면 행키 4인이 신랄하게 비판해야 할 인물들일지도 모르겠다. 하여간 소개된 4+1인을 음미하면서, 그들에 대해 그리고 그들의 삶과 작품에 대해 평가해 보는 것도 좋을 듯하다. 읽는 이들이 긍정적으로 배워야 할 것은 무엇이며, 그리고 부정적으로 비판해야 할 것은 무엇인지 스스로 판단해볼 수 있길 바란다. 그리고 글쓴이는 기회가 될 때 그 결과를 놓고 함께 진지한 토론을 나눠볼 수 있기를 바란다.

마야 린과 <강하고도 뚜렷한 비전>, 예술가는 어떻게 ᄉ

1. 마야 린(Maya Ying Lin, 1959~)

'마야 린'은 중국계 미국인으로 오하이오주 아테네에서 태어났으며, 조각가 및 토지 예술

마야는 예일대학교에서 1981년에 문학사 학위를, 1986년에는 건축학 석사 학위를 취득
그녀는 매우 어릴 때부터 환경 문제를 염려해왔으며, 예일대학교에서도 환경 운동에 많ᄋ
주의를 기울이고 '자연과 건축환경 간의 불가분한 관계를 논의하기 위한 개념'을 전개하

2. 반대 여론을 딛고 일어서다

'월남 참전용사 기념비설립위원회'가 주관하는 기념비 작품공모 결과 1981년 5월, 마야는
4학년 신분으로 이 공모전에 당선됨. 당선작이 발표되자마자 반대 여론은 불같이 일어났
'왜 조국을 위해 **용감히 싸우는 용사상**이 없는가'라는 것이었음

그럼에도 위원회는 그녀의 당선작을 꾸준히 밀고 나갔고, 반대여론과 타협하여 마야의 ᄃ
건들지 않고 기념비에서 적당한 거리를 두고 용사상과 국기 게양대를 세우는 선에서 의

3. 상처를 치유하는 조형물

1982년 11월, 마침내 <더 월>이 완성되고, 모습을 드러낸 검은 벽은 일순간에 반대 여론

이 기념비는 검은 화강암의 돌로 V의 모양을 가진 얼굴이 비치는 기념비로, 벽 앞에 선 ᄉ
기념비에 새겨진 이름을 떠올리며, 동시에 벽에 비친 자기 자신을 보게 됨

마야가 만든 이 기념비는 앞서 만들어졌던 기념비들과 같이 홀로 위용을 자랑하는 것이
사람들과 함께 몸을 비비고 그들과 함께 숨을 쉴 수 있는 혁신적인 조형물로 평가됨

4. 인간과 자연의 공존

마야는 작품을 만들 때, 모두 친환경적인 재료를 사용. 시민권 기념탑은 인종 평등을 위ᄒ
희생한 사람들에 대해 알리는 기념비로, 원형 위에는 투쟁 사건들이 기록되어있음
그리고 잔잔한 물이 고여있는데 이는 사람들이 직접 물을 만지며 교감하고 기념하도록 ᄉ

열린 평화의 예배공간을 보면 자연과 사람이 공존할 수 있게끔 만들어져 있고, 예배당에
또한 인위적으로 깎은 것이 아니라 자연스러운 상태의 돌을 사용해 만든 것

+) 지구의 3차원 환경을 친환경 소재로 재구성 => **자연세계를 다시 상상할 수 있도록 유도**

< Three Ways of Looking at the Earth >

rnist), 찰스 젱크스

격함과 추상성으로 사용자와 소통
특질, 즉 은유(Metaphor) · 암시
스트 모던 고전주의(post-modern

겁, <20세기 건축의 모험>, p. 204.

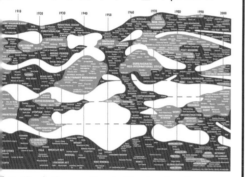

도 (Evolutionary Tree), Charles Jencks,
hitecture 2000 : Predictions and Methods』

eets.mn/2014/10/15/chart-of-the-day-charles-jencks-
olutionary-tree/#lightbox/0/

찰스 젱크스
(Charles Alexander Jencks)

출처 :http://artandmind.org/archive/

출생 : 1939년 6월 21일(78세)
　　　미국 메릴랜드 주 볼티모어
직업 : 건축가, 조경설계가, 건축비평가
학력 : Harvard Graduate School of Design
　　　University College London
건축물 : Elemental House

해적 주제가 상징적으로 표현된 엘리멘탈 하우스

Elemental House

완공 : 1983년
건축 양식 : Postmodern Architecture
시공사 : Nakatani Associates
건축가 : Charles Jencks, Buzz Yudell

엘리멘탈 하우스는 미국 중서부의 혹한과 동부의 혼
잡한 도시로부터 항상 바닷가의 맑은 날씨를 즐길
수 있는 자연의 옥외생활로 도피하고자 하는 이상에
부응하고 있다.
거기에서 엿볼 수 있는 중심 사상은 세련된 원초주
의(Primitivism)이다. 7개의 구조물들로 구성된 엘리
멘탈 하우스에서 개개의 구조물은 정형적으로 만들
어졌지만 중정과 정원 공간 안에 비정형적으로 배치
되어 있다.

출처 :김신원, <환경과 조경> 1994년 2월 70호, pp. 102-104.

찰스 젱크스의
엘리멘탈하우스 평면도
(Charles Jencks, *the
Language of Post-Modern
Architecture*,)

-SA-3.0)

"건축은 한 사회 안에서 의사를 소통하는 행위다. 그런데 근대 건축은 그 엄
의 단절을 가져왔다. 이제 그 단절을 극복하기 위해 건축은 언어로서의
(connote) • 외연(denote)하는 성질을 회복해야 한다. 이 회복의 가능성은 포
classicism)에 집중적으로 나타난다. 그 기운은 이미 세계 곳곳에서 보인다."

-이건

포스트 모던(Post-modern) 건축

포스트 모던 건축이란 구체적으로 건축이 의사소통의 도구, 즉 언
어임을 깨닫고 소통을 시도하는 건축가들의 작품이 된다. 그는 우
선 세계 곳곳에 퍼져 있는 이러한 건축가들의 움직임을 상세히 파
악하기 위해 구조주의자들이 개발한 것 같은 진화계통도
(Evolutionary Tree)를 방증 자료로 내세웠다.

"기쁘게도 근대건축은 1972년 7월 15일 오후 3시 32분 미국 미주리주
세인트 루이스에서 프루이트 이고(Pruitt-Igoe) 공공주택단지의 폭파와
함께 일거에 사망했다."
(Charles Jencks, *the Language of Post-Modern Architecture*, p. 9.)

진화계통
1971, 『*Arc*

Pruitt-Igoe
건축가 야마자키 미
노루의 설계에 의해
1954년 완공된 대규
모 공공주택단지로서
모더니즘 건축의 상
징이다.

조경설계가로서의 활동

Suncheon Bay Garden Expo 2013

Country Life

상과 싸우고 화해하는가

작품으로 유명한 디자이너이자 예술가

~ 시간을 힐애힘. 그녀의 작업은 풍경과 환경에
| 위해 숨겨진 역사를 밝히는데 중점을 둠.

대학교
고, 이유는

자인은
변은 절충됨

하늘을 향해 치솟는 남성적, 권위주의적 구조물
대신 관객과 같은 눈높이에서 수평으로 펼쳐
지는 여성적 특징 => **수직구조에서 수평구조로**

을 잠재움.

람들은

아니라,

< Vietnam Veterans Memorial >

투쟁하고

우도한 것

사용된 돌

< Civil Rights Memorial >

< Open-Air Peace Chapel >

"날기 위해서는 **저항**이 있어야 안다."

마야 린
(Maya Ying Lin)

- 출생 : 1959년 10월 5일
- 국적 : 미국, 오하이오주(중국계 미국인)
- 학력 : 예일대학교 건축학 석사
  예일대학교 예술학 명예박사
- 직업 : 건축가, 설치미술작가, 디자이너
- 수상 : 2009, 미국 국가예술상
- 배우자 : 다니엘 울프

저서

다큐멘터리
< A Strong Clear Vision >

저서
< Boundaries >

20세기 미국 최고의 '제널리스트' 루(

멈포드는 스스로를 '제널리스트'라고 칭했다. 제널리스트란 '개별적인 부분을
의 질서 있고 의미 있는 패턴 속에 통합하는 것에 더욱 흥미를 느끼는 사람'을

생애

1895년 : 미국 뉴욕 롱아일랜드 플러싱에서 출생
1909년 : 스투이베신드 고등학교 입학
1912년 : 뉴욕시립대학 입학
1914년 : 대학 중퇴
1921년 : 소피아와 결혼
1922년 : 그리니치 빌리지에 거주하며 <유토피아 이야기> 출간
1923년 : 미국지역계획협의회(RPAA) 공동설립
1936년 : 뉴욕에서 북쪽으로 160Km 떨어진 농촌 아메니아로 이주
1938년 : 호놀룰루 공원 국에 근무하며 <도시의 문화> 발표
1942년 : 스탠퍼드 대학 교수로 취임(1944년 사임)
1951년 : 펜실베이니아 대학 도시 및 지역계획학과, MIT대학,
　　　　　Christ Church College, 옥스퍼드 대학 교수로 봉직
1957년 : 영국도시계획학회, 영국 왕립학회 금메달 수상
1961년 : <역사 속의 도시> 발표 – 전미도서상수상
1982년 : 자서전 <삶으로부터의 스케치> 발표
1990년 : 아메니아에서 95세의 나이로 임종

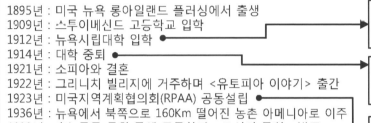

생물학을 공부하면서 패트
의 영향을 받았고 클레런스
념을 옹호하는 계기가 됨

명성을 얻은 후 MIT에서 강
음을 고백했으나 학생들은
학위를 받을 자격이 있습니

RPAA(The Regional Plann
Founders　Clarence Stein
　　　　　Benton MacKay
　　　　　Lewis Mumford
　　　　　Sunnyside and
　　　　　Alexander Bing
　　　　　Henry Wright

루이스 멈포드의 사상

구분	시기	관심 주제	주요 지
1기	1920년대 중반 ~ 1930년대 초반	미국 문화, 특히 건축과 문학	유토피아 이야기(1922) 막대기와 돌멩이(1924)
2기	1930년대 중반 ~ 1950년대 초반	삶의 갱신과 도시재생	기술과 문명(1934), 도시의 인간의 조건(1944), 삶의
3기	1950년대 중반 ~ 1960년대	물리적 생존으로부터 문화적, 정신적 발전으로의 전환	예술과 기술(1952), 인간의 역사 속의 도시(1961), 기 도시경관(1968), 기계의

도시 성장 주기

촌락 (village) ➡ 도시 (polis) ➡ 대도시 (metropolis) ➡ 거대도시 (megalopolis) ➡ 폐도시 (necropolis)

도시와 문화(The Cultu
에서 주장한 도시 성장

✓도시는 촌락으로 시작
　지며 폐도시 단계에 이
　남고 정신은 사라짐

✓무의미하고 선정적인
　득하여 유기적 한계를
　주의로 치달아 멸망한
　의 표본

이스 멈포드

상세히 연구하기보다 그러한 파편들을 하나
뜻한다.
-박홍규, 예술과 기술역자 서문, 2011, p.55

루이스 멈포드
(Lewis Mumford 1895-1990)

출생 : 1895년 10월 19일
사망 : 1990년 1월 26일(95세)
국적 : 미국
직업 : 건축 비평가, 문명비평가,
　　　 역사가, 언론인

릭 게데스와 에드워드 하워드
페리의 근린주구, 신도시 개

의를 하며 자신이 학위가 없
'그렇지만 선생님은 충분히
다.'라고 답변했다고 전해짐

ing Association of America)

Radburn

유토피아 이야기
(The Story of Utopias), 1922
출처:google.books.com

작

│ 문화(1938),
지도(1951)

│ 변형(1956),
계의 신화1(1967),
화2(1970)

re of Cities, 1938)
주기에 관한 이론

하여 서서히 거대해
르면 도시는 형태만

허세와 쾌락으로 가
넘어 극단적인 쾌락
로마문명이 폐도시

멈포드의 도시관과 사회적 공헌

20세기 초에 우리 앞에 나타난 두 가지의 위대한 발명은 인간에게 날개를 달아준 비행기와 보다 나은 인간의 주거장소를 약속한 전원도시이다.

➤ **멈포드의 도시관을 이루는 세가지 철학적 개념** : 자연주의, 진화론, 인본주의
➤ **자연주의 도시관** : '인류는 삶의 목표를 향해 나아가도록 자연이 선택한 종', 자연주의자를 unbuilding agent로 보고 분산적이고 외향적인 unbuilding forces와 집중적이고 내향적인 vital forces가 서로 견제하는 상태로 해석함. 2차 대전 이후 그의 unbuilding concept가 주목을 받았는데 인류가 균형감각을 잃고 한계를 넘으려는 경향에 관심을 기울였으며 인류가 그 궤도를 이탈할 때 더욱 unbuilding forces의 영향아래에 놓이고 더욱 원초적인 상태로 후퇴하게 된다고 경고함
➤ **진화론적 도시관** : 맥하그가 주장한 생태학적 모델을 인간생활에 적용하는 것으로 '잘 조성된 환경은 생태계, 사회, 개인이 더 진보된 상태로 나아가도록 돕는다'라고 보고 다윈, 스펜서, 모건, 게데스의 이론을 배경으로 삼음
➤ **인본주의적 도시관** : 멈포드 사고의 중심내용으로 '인류는 삶의 목표를 향해 나아가도록 자연이 선택한 종이며, 인류를 진화의 최첨단에 위치한 존재로 인식한다.'
➤ **멈포드의 사회적 공헌** : 도시개념을 형이상학과 윤리학 및 문명사적 철학에 **접목**시켰다는 점과 도시에 대한 구조적 (설명적) 차원과 규범적(윤리적) 차원을 **통합**했다는데 있음

(김선범, 국토연구원, 〈역사 속의 계획가〉, 1995.6)에서 재인용

제5장

도시계획가, '정체'성과 자'화상' 사이에서

호주의 수도, 캔버라 전경, 2007년 8월경

도시계획가, '정체'성과 자'화상' 사이에서

글쓴이가 이 글을 쓰면서 제시한 제목은 어떻게 보면 상당히 도발적이다. 왜냐하면, 글쓴이 자신만 옳은 도시계획가요, 그 외의 도시계획가들은 올바르지 않다는 느낌을 줄 수도 있기 때문이다. 또한, 도시계획가는 완벽한 도시, 멋진 도시를 놓고 그곳을 음미하면서 즐기고 있는 낭만주의자나 돈 많은 여행객이 아닌데, 낭만적인 이야기, 뜬구름 잡는 무책임한 이야기를 늘어놓는 도시계획가가 많은 것처럼 뉘앙스를 풍겼을 수 있기 때문이다. 그런데 실상은 도시계획가라면 도시의 추하고 아픈 구석을 들여다보고, 도시의 문제점을 파고들면서 왜 이런 문제가 발생했는지, 어떻게 하면 이런 문제를 해결할 수 있을지 고민하기도 하고, 그 속에서 같이 뒹굴기도 하고, 때로는 정부에 대고 싸우기도 하고, 쓴소리도 해대는 존재라고 생각했기 때문이다. 그래서 도발적 언어를 사용하고, 잘난체하는 듯한 뉘앙스를 풍기기도 했다. 또 때로는 힘없고 연약한 도시민의 사익을 지켜내기 위해서 공익이라는 미명 아래 집행되는 공무에 대항하여 정부정책을 비난하고, 대안을 제시하기도 하는 그런 존재라고 생각했기 때문이다. 또 어떨 때는 거꾸로 과도한 사익을 주장하는 안건 상정자들을 무시하고 공익적 차원에서 의견을 개진하기도 하는 그런 돈키호테 같은 존재이기도 하기 때문이다. 이렇기 때문에 비판적으로 보이지 않을 수 없고, 그런 도시계획가는 미움받을 수밖에 없다.

이 책을 거의 다 완성했다고 생각하고 있던 늦가을 어느 날 어느 기초 지방자치단체의 도시계획위원회에서 교정시설 입지결정과 관련된 사안을 놓고 도시계획위원회의 개발행위 분과위원회가 열렸을 때 이뤄진 논의 중 재미난 일화를 페이스북facebook에 올린 글이 있다. 지금의 앞뒤 문맥과 맞아떨어지는 것 같아 첨부해본다.

그런데도 도시계획가는 도시를 변화시키기 위해, 국토의 불균형 성장과 왜곡을 바로잡기 위해서는 때로 정치인과 친해야 하기도 하고, 공무원들과 친해야 하기도 한다. 이런 이율배반적 삶을 살고 있는 존재, 이것이 도시계획가이기도 하다. 이런 자신을 볼 때면 자기비판도 서슴없이 행해야 했다. 그렇다면 실제로 이런 도시계획가는 그 누구에게도 칭찬받는 존재가 되기 어렵다. 그래서 도시계획가의 정체가 무엇인지 궁금했고, 그 '화상' 같은 인간들의 본래 모습이어야 할 것 같은 '자화상'이 무엇인지도 궁금했다.

　사실, 글쓴이도 이렇게 글을 써놓고도 자신이 정체성과 자화상을 가진 도시계획가인지, 아니면 정체가 불분명하고 "이 화상아~~" 하고 욕을 먹어야 하는 도시계획가인지 아직 정확히 모르겠다. 하지만 모든 학문이 도를 지나칠 정도의 이론비판을 거쳐 자기모순을 극복하는 가운데 발전되어 왔듯이, 도시계획가도 그리고 도시계획도 자신의 이론에 대해서 신랄한 비판을 받으며, 자기 개혁을 이뤄가면서 발전해가야 하리라 본다. 이론뿐만 아니라 도시계획가가 실생활에 이뤄놓은 계획에 대해서도 신랄한 비판이 이뤄지는 가운데 제대로 된 검증이 이루어져야 한다. 비판과 검증을 밑거름 삼아 더 나은 대안이 제시될 때 학문적 성장이 이루어질 수 있기 때문이다. 이러한 점에서 이 글은 그러한 비판적 사고에 대한 자문에서 출발하였고, 제대로 된 '정체성과 자화상'을 찾고자 하는 마음가짐으로 글을 맺고 있다. 물론 여전히 여러 면에서 주관적 주장으로 그친 한계도 내재하고 있다. 따라서 앞으로 더 많은 비판과 담론의 과정을 거쳐 겉으로 드러난 계획을 넘어 그 이면에 존재하는 계획가의 실체에 대한 논의가 더욱 활성화되기를 기대한다. 읽는 이들의 날카로운 눈매가 기대되기도 하고 무섭게 느껴지기도 한다. 이런 점에서 글쓴이는 자신에게 되묻는다.

나는 어떤 도시계획가란 말인가?

그리고 읽는 모든 분에게도 묻는다

당신은 어떤 도시계획가,

누구를 닮은 도시계획가가 되고 싶은가?

이제 머리를 조금 식히고 싶다.

마지막 장은 글쓴이의 글은 맺혀질지라도 앞으로 도시계획가로 자리 매김하게 될 여러분이 어떤 도시계획가가 되어야 할지 한번쯤 생각해보고, 또 계획가의 밑그림을 그려보는 기회를 열어놓는 자리가 되도록 하고 싶다. 그런 점에서 여러분은 과연 어떤 도시계획가가 되고 싶은가? 그런데 말이다. 어떤 이들은 "무엇을 어떻게 하는 게 도시계획가가 되는 첫걸음인지도 모르는데, 그것을 건너뛰고 어떤 도시계획가가 되고 싶은지 알 수 있겠느냐?"고 따지듯 물을 수도 있다. 맞는 말이기도 하다. 그래서 글쓴이는 글쓴이의 질문을 너무 거창하게 생각하지 말고 쉽게 풀어가 보자고 부탁하고 싶다.

첫째로는 만약 조금이라도 닮고 싶은 계획가가 있다면 그는 누구이고 왜 그를 닮고 싶은지 생각해보는 것이다. 그러면 아마도 그가 나의 표상이요, 그의 계획이 내가 추구하는 계획이념이 될 수 있을 것이다. 글쓴이에게 큰 영감을 준 계획가는 외국의 어느 그 거창하고 유명한 계획가가 아니다. 글을 읽는 이들이 들으면 "이게 누구야?" 아니면 "이 사람이 진짜 계획가가 될 수 있어?"라는 반문까지 던질 수 있다. 그 계획가는 도시계획이라고는 한 번도 접해본 적이 없는 '이원수'라는 분이었고, 또 다른 한 분은 어효선이라는 분이었다. 아직까지 그가 누군지 아는 분이 많지 않을 것이다. 그러나 먼저 이원수는 우리에게 너무나 잘 알려진 동시, 〈고향의 봄〉을 지은 작사자이다. 어효선도 국민동시라고 불리는 〈꽃밭에서〉의 동시를 쓴 시인이다. 두 시인이 쓴 시의 구절을 찬찬히 읽어내려가 보자.

고향의 봄

이원수 작시

나의 살던 고향은 꽃피는 산골, 복숭아꽃 살구꽃 아기진달래
울긋불긋 꽃 대궐 차린 동네, 그 속에서 놀던 때가 그립습니다.

꽃 동네 새 동네 나의 옛 고향 파란하늘 남쪽에는 바람이 불고,
냇가의 수양버들 춤추는 동네, 그 속에서 놀던 때가 그립습니다.

꽃밭에서

어효선 작시

아빠하고 나-하고 만든 꽃밭에 채송화도 봉선화도 한창입니다.
아빠가 매어놓은 새끼줄- 따라 나팔꽃도 어울리게 피었습니다.

애들하고 재-밌게 뛰어 놀다가 아빠 생각 나--서 꽃을 봅니다.
아빠-는 꽃 보며 살자 그-랬죠, 날-보고 꽃-같이 살자 그랬죠.

어려서 이 두 시를 동요로 부를 때는 "그냥 아무 생각 없이 불러댔다. 그러다 세월이 흘러 도시계획가가 되어 나는 어떤 도시를 만들어 낼 것인가?"를 고민하는 데 몰두했다. 다른 동시대의 도시계획가들과 경쟁하듯이 거창한 도시를 꿈꾸기도 하였다. 세종시를 계획할 때 참여하기도 하고, 혁신도시를 계획할 때 참여하기도 하였다. 그러나 도시를 건물로 하나씩 채워나가면서 느껴야 했던 느낌은 언제나 차가운 콘크리트로 뒤덮여버린 도시, 거의 존재감도 없이 살짝 색칠되어 있는 공원 그것이 글쓴이가 느끼는 도시의 모습이었다. 그래서인지 자연의 가치는 심각히 훼손되고, 너무나 인공적인 것만 남은 모습 그리고 마지막에는 인간성마저 상실되고 부를 향한 욕망이 뒤덮은 도시의 모습에 커다란 실망을 느꼈다. 매년 11월 말 즈음 낙엽이 지기 시작하면 시멘트 냄새만 짙게 흩날리는 회색도시가 덩그러니 내 앞에 나타났다. 이런 도시를 보면서 다시 생명이 살아 있는 도시, 자연과 공존하는 도시를 꿈꾸기 시작했다. 누구에게나 행복한 도시, 돈의 노예가 되지 않은 도시. 과연 우리는 이런 삶의 공간을 가져본 적이 있을까? 그런데 어느 날 슬로우시티 개념을 강의하러 한적한 시골 도시의 공무원 연수원으로 가다가 어느 마을 앞에서 이 두 동시를 다시 떠올리게 되었다. 그때 이 두 동시의 노랫말을 따라 부르다가 글쓴이는 주체할 수 없는 감격을 느꼈다. 어쩌면 내가 찾던 진짜 도시계획가는 이 두 노래를 만든 분들일지 모른다는 생각을 하게 된 것이다. 먼저 〈꽃밭에서〉를 흥얼거리거나, 노래 부르다가 우리 사회가 놓쳐버린 그러나 우리가 다시 되찾고자 하는 삶과 사회가 우리에게도 분명히 있었구나 하는 생각을 하게 됐다. 이 동시는 시인 어효선이 나이 서른이 채 안 되었을 때 쓴 것인데, 그냥 상상으로만 쓴 것이 아니었으리라 짐작했다. 분명 자신의 어린 시절을 기억 속에서 되살려내면서 썼던 동시였을 것이다. 그런데 놀라운 것은 꽃에 대한 이해가 깊다. 채송화나 봉선화와 달리 나팔꽃을 따로 떼어내서 바라보고 있다. 그리고 나팔꽃이 담쟁이넝쿨과라서 새끼줄을 따라 커가며 자란다는 속성을 알고 있었다. 그리고 아빠와 애틋한 정을 나누고 있다. 아빠는 밖에 나가 돈만 벌어오는 기계가 아니었다. 자녀와 함께 꽃밭도 만들고 꽃도 심었다. 아빠가 본을 보였고, 아빠의 본을 따라 아이는 생명의 움틈을 느낄 수 있었고 가꾼다는 것이 무엇인지 알 수 있었으며, 아빠의 말에 따라 꽃같이 예쁘고 곱게 사는 것이 삶의 참된 모습임을 알았다. 오늘날 얼마나 많은 젊은이들이 이런 꽃에 대한 이해를, 생명에 대한 이해를, 무엇보다 아빠에 대한 이해를 지니고 있을까? 이것을 도시계획적으로 설명하자면, 이것이 도시를 가꾸는 모습이고, 이것이 도시 속에서 공동체가 함께 어울려 살아가는 모습이다.

그런데 더욱 놀라운 새로운 감격은 동시 〈고향의 봄〉을 쓴 이원수 시인에게서 발견했다. 사실 노랫말도 노랫말이지만 무엇보다 이 노래를 지은 작사자가 누구인지 알고 싶었다. 그러면 왜, 어떻게 이런 노래를 지었는지 알 수 있을 것 같았기 때문이다. 마치 수많은 철학자들이 어떤 인생을 살았는지, 그들이 살았던 사회와 겪어왔던 삶의 배경을 알면 그들의 철학과 사상을 훨씬 깊이 있게 공감할 수 있었던 것처럼, 시인을 알아야 그가 던지려고 했던 메시지가 무엇인지 알 수 있으리라 생각했기 때문이다. 그래서 고향의 봄을 작사한 이원수 시인을 살펴보았다. 그런데 놀라운 것은 고향의 봄을 작사했을 때 이원수의 나이가 열네 살이었다. 지금으로 말하면 중학교 1학년에 불과하였다. 그것도 일제강점기인

1924년에 말이다. 그리곤 이 아이의 자연에 대한 관찰력과 이해가 얼마나 비범한가를 느꼈다. 아니 어쩌면 그 당시 사람들은 대부분 다 그랬는지도 모른다. 그는 노랫말 속에 그가 살던 꽃피는 산골의 꽃이 피는 순서를 그내로 옮겨 놨다. 복숭아꽃이 제일 먼저 피고, 살구꽃이 핀 다음에 아기진달래에 이르기까지 나지막한 뒷동산에서 꽃이 피어난다는 것을 말이다. 꽃이 피면 동네가 새로운 동네처럼 변한다는 것을 알았고, 꽃으로 충분히 남부럽지 않은 대궐을 만들 수 있음을 알았다. 봄이 되면 점점 남쪽에서 따뜻한 남풍이 불어온다는 것을 알았고, 바람의 방향도 알았으며, 수양버들이 많이 자라는 곳은 물이 있는 냇가라는 것도 알고 있었다. 어느 곳에서 어떤 생명이 움트고 있는지, 이것이 얼마나 정겨운 공간인지 알았다. 그래서 이런 나의 옛 고향을 그리워하며 자랑하며 자부심을 느낄 수 있었던 것이다. 우리가 살고 있는 지금 이 시대에 수많은 사람은 개발의 광풍, 회색 콘크리트 건물 앞에 자부심도 자존심도 다 버리고 나가떨어져 버렸는데 말이다.

둘째로는 만약 세상을 '달리' 바라본다면 무엇을 어떻게 바꾸고 싶나를 생각해보는 것이다. 즉, 발상의 전환과 같은 것이라고나 할까? 이것이 도시계획가들이 가장 먼저 도시계획을 위해 행하는 생각의 자세이다. 글쓴이는 굳이 어느 거창한 도시계획가로부터 도시계획을 느껴야 한다고 말하고 싶지 않다. 물론 우리나라에 글쓴이가 존경하는 수많은 도시계획가가 계시다. 이 글의 서평을 써주신 분들을 비롯해서 글쓴이가 수학한 독일 도르트문트 대학교^{TU Dortmund}에서 수백 가지에 달하는 계획분석 방법론을 일목요연하게 강의하셨던 미카엘 베게너^{Michael Wegener}

교수, 토지이용의 기본이 되는 연방건축법Bundesbaugesetz과 이론적 원리인 토지법Bodenordnung을 강의하셨던 법학자 하르트무트 디터리히Hartmut Dieterich 교수와 같은 분들은 글쓴이 개인에게 학문적으로나 학자적 삶에 대해 적 잖은 영감을 준 분들이다. 그렇다고 여러분들에게 꼭 특정의 대단한 도 시계획가를 열거하라고 말하고 싶지 않다. 그리고 도시계획분야의 대단 한 학자가 되어야만 한다고 주장하고 싶지도 않다. 그저 "과연 '나'라면, 내가 살고 있는 이곳을 어떻게 아끼고 고쳐나갈 것인가?"를 하나씩 적어 보면 도시계획가가 되는 출발점에 서게 되리라 본다. 또 때로는 우리가 살고 있는 도시에서 비워내보고 싶은 것은 무엇인지 지도를 놓고 하나씩 하나씩 지워보는 것이다. 주관적일지라도 '이것은 비워도 괜찮을 것 같 아.'라고 생각한다면 한번 지워보는 것이다. 그리고 왜 지웠는지 그 근 거를 기록하고, 무엇으로 아니면 어떻게 그곳을 다시 채우고 싶은지를 기록해 보는 것이다. 그리고 이렇게 적는 가운데 꼬리에 꼬리를 물고 '왜 아직까지 고치지 못했을까?'라든지, '내 생각이 과연 맞는 걸까?'라는 의 문도 생겨난다면, 이런 의문점을 하나씩 풀어가는 시도를 적어보는 것 이다. 이런 가운데, 이것이 맞는 방식인지 다시 자문하게 되고 그래서 또 주변의 사람과 대화하고 물어보다 보면 더 나은 답, 실수를 줄인 해 답을 찾아가게 될 것이다. 이런 대화의 과정, 탐구의 과정을 거치다 보 면 나에게 영감을 주는 도시계획가를 만날 수도 있고, 궁극적으로 나의 계획, 나의 도시를 만들어낼 수도 있다. 또 어쩌면 앞서 두 시인들처럼 내가 바라는, 내가 꿈꿨던 세상의 모습, 삶의 모습을 짧은 시로 써보는 가운데 도시계획가의 첫발을 내디딜 수도 있다고 본다.

그런 계획을 적어볼 수 있는 공간을 미련한다. 스스로 써 내려가면서 아니면 스스로 그림을 그려가면서, 아니면 스스로 시를 한 편 써보면서 계획가가 되어 보면 어떨까? 유치하다고도 생각할 수 있을지 모르겠다. 하지만 그것은 유치함이 아니라 엄청난 출발일 것이다. 글쓴이도 이러한 유치한 출발을 해왔고, 스스로 언젠가는 우리 사회의 변화를 향한 외침이 될 것이라 자부했었다. 원대한 도시계획이 아닐지라도, 다만 내 마을, 내 동네를 향한 가냘픈 외침 같을지라도.

나는 어떤 계획가가 되고 싶은가?

예) 비우고 자연으로 채워 넣는 비움 추구의 계획가

[스스로 묻고 답하기 1] 그렇다면 먼저 어디를 비워볼까? 집 앞길을 비우고, 자연으로 채운다면 어떻게 될까? 담도 걷어내고 우리 모두의 공간으로 탈바꿈하면 어떻게 될까?

[스스로 묻고 답하기 2] 집 앞길을 전부 공원으로 만들고, 동네의 작은 어린이 공원을 마을공동주차장으로 바꾸면 어떻게 될까?

[스스로 묻고 답하기 3] 담장도 헐어내면 마을 전체가 공원처럼 보이겠네. 그리고 헐어낸 자리에 나무를 더 많이 심으면 마을 전체가 숲처럼 보이겠네.

[스스로 묻고 답하기 4] 어떤 나무를 심을까? 나무를 심으면서 이웃 주민들과 무슨 행사를 가져볼까?

[스스로 묻고 답하기 5] 이렇게 하기 위해 누구를 찾아가 상의해야 할까? 누가 나의 생각을 바로잡아주거나 뚜렷한 계획의 실현으로 이끌어줄 수 있을까?

셋째로, 이렇게 적다 보면 "과연 나는 어떤 것을 추구하는 도시계획가란 말인가?" 하는 생각으로 이어질 수 있다. 과연 내가 추구하는 도시가 나만을 위한 도시인지, 아니면 특정 계층만을 위한 도시인지 아니면 궁극적으로 우리 모두를 위한 도시인지를 생각하면서 결국 "나는 어떤 계획가인가?"를 고민하게 된다. 꼬리에 꼬리를 물고 이어지는 의문과 이에 대한 해답 속에서 계획가가 가져야 할 가장 근본적 사고, '자아정체성'을 인식하게 되고, 이런 정체성이 갖춰질 때 여러분은 도시계획가로 태어나는 것이다. 이제 여러분이 적어볼 차례가 된 것 같다.

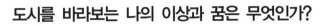

도시를 바라보는 나의 이상과 꿈은 무엇인가?

컬러 도판

∷ 전주 도시재창조 사례(본문 34-35쪽)

전주 도시재창조 - 열섬현상이 없는 인간친화적 생태환경의 도시로

 신선한 공기의 생성지 및 바람길 축 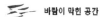 저지대 및 침수지대 ━ 바람이 막힌 공간

:: 전주시 기린봉에서 바라본 풍경(본문 64쪽)

:: 콘크리트로 뒤덮인 도시의 민낯(본문 72쪽)

:: 서울의 전경(본문 72쪽)

:: 자연의 풍경들(본문 85-87쪽)

생명은 찾아온다.

생명은 철이 지나며 더 가득찬다.

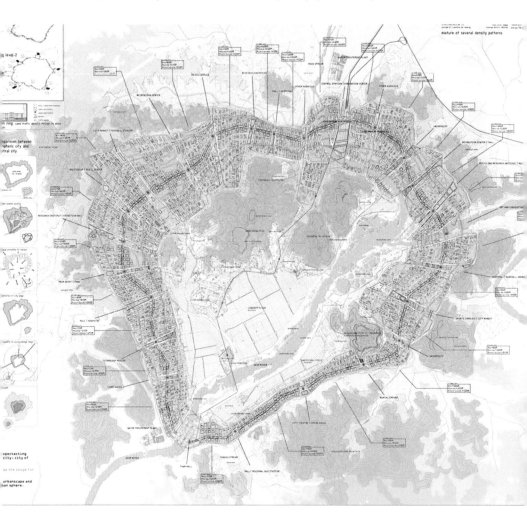

참고문헌

1. 국토연구원 저. 《공간이론의 사상가들》. 한울. 2009.

2. 권용우·김세용·박지희·서순탁·손정렬·오세열·우명동·이상호·이재준·전경숙·전상인·정수열·최봉문·최석환·황기연 저. 《도시의 이해》. 박영사. 2016.

3. 기시미 이치로·고가 후미타케 저. 《미움받을 용기》. 전경아 역. 인플루엔셜. 2014.

4. 김은희·김경민 저. 《그들이 허문 것이 담장뿐이었을까》. 국토연구원의 '창조적 도시재생 시리즈 9 대구 삼덕동 마을만들기'. 한울. 2010.

5. 김흥배 저. 《정책평가기법》. 나남출판. 2003.

6. 김훈민·박정호 저. 《경제학자의 인문학 서재》. 한빛비즈. 2012.

7. 대한국토·도시계획학회 저. 《도시, 인간과 공간의 커뮤니케이션》. 커뮤니케이션북스. 2009.

8. 데이비드 하비 저. 《자본의 17가지 모순(Seventeen Contradictions and the End of Capitalism)》. 황성원 역. 동녘. 2014.

9. 도넬라 H. 메도즈·데니스 L. 메도즈·요르겐 랜더스 저. 《성장의 한계》. 김병순역. 갈라파고스 출판사. 2012.

10. 마강래 저. 《지방도시살생부》. 개마고원. 2017.

11. 마스다 히로야 저. 《지방소멸》. 김정환 역. 와이즈베리. 2015.

12. 세계환경발전위원회 저. 《우리 공동의 미래》. 조형준·홍성태 역. 새물결. 2005.

13. 아리스토텔레스 저. 《니코마코스 윤리학》. 최명관 역. 을유문화사. 2006.

14. 안병길 저. 《약자가 강자를 이기는 법》. 동녘. 2010.

15. 윤대식 저. 《도시모형론》. 홍문사. 2011.

16. 이건섭 저. 《20세기 건축의 모험》. 수류산방중심. 2006.

17. 제인 제이콥스 저. 《미국 대도시의 죽음과 삶(The Death and Life of Great American Cities)》. 유강은 역. 그린비. 2010.

18. 제정구를 생각하는 모임 저. 《가짐 없는 큰 자유》. 학고재. 2000.

19. 존 레비 저 《현대도시계획의 이해》. 서충원·변창흠 역. 한울아카데미. 2013.

20. 한덕웅 저. 《집단행동이론》. 시그마프레스. 2002.

21. 해리 덴트 저. 《2018 인구절벽이 온다》. 권성희 역. 청림출판. 2015.

22. NEAR 재단 저. 《양극화 고령화 속의 한국, 제2의 일본 되나》. 매일경제신문사. 2011.

23. P. 손더슨 저. 《도시와 사회이론》. 김찬호 외 역. 풀빛. 1991.

24. 권용우·박지희(2012). "우리나라 개발제한구역의 변천단계에 관한 연구". 국토지리학회지 제46권 3호. pp.363-374.

25. 김태복(1993). "우리나라 개발제한구역의 설치배경과 변천과정". 도시문제. 28(298). p.10.

26. 서충원(2006). "우리시대 계획가의 자화상". 대한국토·도시계획학회. 도시정보 2006년 8월호. Vol.1 No.1 통권 293호. pp.11-14.

27. 이문규·황지욱(2011). "계획이론의 추구자로서 공간계획가의 역할과 자화상". 한국지역개발학회지. 제23권 제4호. pp.37-54.

28. 조명래(2016). "젠트리피케이션의 올바른 이해와 접근". 부동산포커스. 한국감정원.

29. 황지욱(2005). "호남고속철도 분기역 결정 어떻게 볼 것인가?". 열린전북. 2005년 8월. pp.104-106.

30. 황지욱(2011). "안전한 스쿨존, 어떻게 확보할 수 있는가?". 새전북신문. 2011년 10월.

31. 국토의 계획 및 이용에 관한 법률 [시행 2017.7.26.] [법률 제14839호, 2017.7.26., 타법개정]

32. 국회법 [시행 2017.7.26.] [법률 제14840호, 2017.7.26., 일부개정]

33. 대한민국헌법 [시행 1988.2.25.] [헌법 제10호, 1987.10.29., 전부개정]

34. 수도권정비계획법 [시행 2017.7.18.] [법률 제14543호, 2017.1.17., 일부개정]

35. 교토의정서(https://en.wikipedia.org/wiki/Kyoto_Protocol). retrieved August 5.

2017.

36. 네로 이야기(https://en.wikipedia.org/wiki/Nero). retrieved August 3. 2017.

37. 논어(論語) 위정(爲政) 편(https://ko.wikisource.org/wiki/%EB%85%BC%EC%96%B4) retrieved July 2. 2017.

38. 뉴어버니즘(https://en.wikipedia.org/wiki/New_Urbanism). retrieved August 1. 2017.

39. 스마트성장(https://www.epa.gov/smartgrowth/about-smart-growth). retrieved July 28. 2017.

40. 지속가능성의 17대 목표(ttps://ko.wikipedia.org/wiki/). retrieved August 18. 2017.

41. 치타슬로우(www.cittaslow.org). retrieved August 10. 2017.

42. 헌법재판소(https://www.ccourt.go.kr/cckhome/kor/main/index.do). retrieved August 20. 2017.

43. downward spiral. urban dictionary(http://www.urbandictionary.com/define. php?term=downward%20spiral). retrieved September 9. 2017.

44. Donella H. Meadows. Jorgen Randers and Dennis L. Meadows. "Limits to Growth: The 30-Year Global Update". by Chelsea Green Publishing Company. 2004.

45. George Dantzig and Thomas L. Saaty. "Compact City: Plan for a Livable Urban Environment". W.H. Freeman & Co Ltd. 1973.

46. Patrick Geddes. "Cities in Evolution". London: Williams. 1915.

47. World Commission On Employment. World Commission on Environment and Deve. "Our Common Future". OxfordUniversityPress. 1987.

에필로그

몇 가지 놓친 것들을 덧붙이면……

하나는 이 글을 쓰기까지 우리나라에서 함께 씨름해 온 도시계획 분야의 동료학자들, 동료계획가들 그리고 수많은 자극과 영감을 주어온 선후배 학자들께 말할 수 없는 고마움을 전하고 싶다. 서평을 부탁하지는 못했지만－어쩌면 무리한 부탁을 드리는 것이 아닌가 염려가 되어서－대한국토·도시계획학회 학회장(2016~2018)을 지내신 한양대 김홍배 교수님을 비롯하여 수많은 동료들 그리고 그들과 나를 비교할 때면 언제나 그들의 연구업적이 대단해 보였고, 그들의 연구성과가 엄청나 보였다. 그것은 내게 여전히 내가 결코 따라갈 수 없을 커다란 부러움으로 남아 있다. 굳이 그분들의 실명을 일일이 열거하지는 않겠다. 그 이름이 너무 많거나 아니면 거명되지 못한 분들과 편 가르기를 하는 것 같다는 느낌이 뇌리에 남기 때문이다. 거론하지 않아도 다 아실 것이다.

다른 하나는 이 글이 책으로 나오기까지 정말 애써준 도서출판 씨아이알의 김성배 대표님, 교정을 맡아준 최장미 선생님께 깊은 곳에서 우러나는 고마움을 느낀다. 정제되지 못한 표현을 정제된 표현으로, 답답

한 글을 생동감 넘치는 삽화와 현장감 가득한 사진으로 덧붙여준 것은 글쓴이에게는 더 이상 바랄 나위 없는 고마움이요 감격이다.

마지막으로 이 글을 쓰면서 남편이 그리고 아빠가 무엇을 하는 사람인지 내 평생 반려자가 되어준 아내와 두 딸에게 알릴 기회로도 삼고 싶었다. 밖에 나가서 뭘 하는지도 모르겠는데 바쁘다고 하고, 주말에도 연구실에 간다고 뻔질나게 나가고, 출장은 또 왜 그리 자주 가는지……. 그래서 더욱 내가 무엇을 하고 있는지 가족에게 알릴 수 있다는 점에서 기쁜 생각이 든다. 그리고 나를 낳아주시고 키워주신 부모님께 이 글을 쓰면서 진심으로 감사함을 전해드리고 싶다. 부모님께서 깊고 넓은 사랑을 베풀어주시지 않았더라면, 나이 50 넘은 자식을 여전히 걱정과 안쓰러움으로 바라봐주시는 그 사랑이 없었더라면 얼마나 내 마음이 외롭고 지쳐 있었을까? 이 짧고 보잘 것 하나 없는 글이 아버지, 어머니께서 키워주신 은혜에 대한 하나의 보답이 될 수 있기를 바란다. 그리고 무엇보다 지금까지 내게 이 귀한 부모님을 나의 부모님으로 만나게 하시고, 또 내 아내와 자녀를 내 가족으로 만나게 하시고, 무엇보다 내 삶을 지켜주시고, 앞으로 내 길을 이끌어 가실, 나의 주님께 더 없는 감사를 돌려드린다. 정의가 강물처럼 흐르는 세상을 이끄시도록…….

지은이 소개

전북대학교 도시공학과에서 학생들을 가르치고 있다. 대한국토·도시계획학회의 상임이사이자 지자체정책자문단장으로도 활동하고 있으며, 중앙정부나 지방정부의 도시계획위원회 심의·자문위원, 전주시 청렴시민감시관 등 폭넓은 활동을 하고 있다.

황지욱Hwang, Jeewook

지역사람들이 마음을 모아 만든 장학기구 '신지식장학회'의 장학위원장 활동을 스스로 매우 의미 있게 생각하는데, 이 활동으로 2017년 '상선약수上善若水(최고의 선은 물과 같다)'라는 노자의 문구가 담긴 감사패를 받기도 했다. 또한 자랑스럽고 소중하게 생각하는 것은 2015년에 'DMZ 평화상'을 받은 것이다. 글쓴이에게 학문적으로 의미가 있는 상으로 1990년대부터 학위논문을 비롯하여 끊임없이 30년간 진행해온 '국토통일 분야'의 연구활동을 인정받은 빛나는 상이기 때문이다.

마지막으로 한 가지만 덧붙여 말하면 어쨌거나 마음은 착하고 순한, 나쁜 놈들 빼고 모두가 천국 가기를 바라는 크리스천으로 밝고 재미있고 긍정적으로 살려고 애쓰고 있다.

도시계획가란?

초판발행 2018년 10월 15일
초판 2쇄 2018년 12월 20일

지 은 이 황지욱
펴 낸 이 김성배
펴 낸 곳 도서출판 씨아이알

책임편집 박영지, 최장미
디 자 인 백정수, 윤미경
제작책임 김문갑

등록번호 제2-3285호
등 록 일 2001년 3월 19일
주   소 (04626) 서울특별시 중구 필동로8길 43(예장동 1-151)
전화번호 02-2275-8603(대표)
팩스번호 02-2265-9394
홈페이지 www.circom.co.kr

I S B N 979-11-5610-691-3 93530
정   가 16,000원